Début d'une série de documents
en couleur

Pierre DUHEM
Membre de l'Institut,
Professeur à l'Université de Bordeaux.

La Chimie est-elle une science française ?

PARIS
Librairie Scientifique A. HERMANN & FILS
LIBRAIRES DE S. M. LE ROI DE SUÈDE
6, RUE DE LA SORBONNE, 6

1916

OUVRAGES DU MÊME AUTEUR

La science allemande. 1 vol. in-12, 145 pages. 1915 . . . . 1 fr. 50

Le Système du Monde. *Histoire des doctrines cosmologiques de Platon à Copernic :*

Tome I, gr. in-8°, 1913 . . . . . 18 fr. 50
Tome II, gr. in-8°, 1914 . . . . . 18 fr. »
Tome III, gr. in-8°, 1915 . . . . . 18 fr. »
Tome IV, gr. in-8°, 1916 . . . . . 18 fr. »
Papier de Hollande. Chaque volume. 25 fr. »

Thermodynamique et Chimie. *Leçons élémentaires à l'usage des chimistes.* 2e éd., 1910, gr. in-8° 16 fr.

Études sur Léonard de Vinci. 3 vol. gr. in-8°, 1906-1913 . . . . 50 fr.

Les Origines de la Statique. 2 vol. in-8°, 1905-1906 . . . . 20 fr.

Traité élémentaire de mécanique chimique. 4 vol. in-8°, 1897-1899. . . . . 46 fr.

Cours de la Faculté des Sciences de Lille. *Hydrodynamique. Elasticité. Acoustique.* 2 vol. in-4° lithographiés. 1891. . . . . 20 fr.

LAVAL. — IMPRIMERIE L. BARNÉOUD ET Cie.

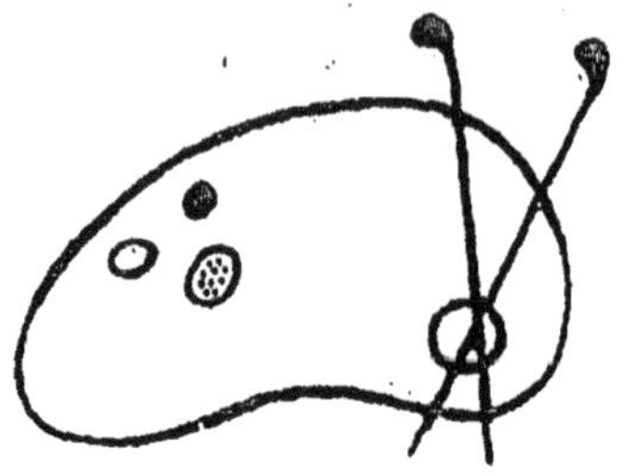

Fin d'une série de documents
en couleur

La Chimie
est-elle une science française ?

Pierre DUHEM

Membre de l'Institut,
Professeur à l'Université de Bordeaux.

La Chimie est-elle une science française ?

PARIS
Librairie Scientifique A. HERMANN & FILS
LIBRAIRES DE S. M. LE ROI DE SUÈDE
6, RUE DE LA SORBONNE, 6

1916

LA CHIMIE est-elle une science française?

AVANT-PROPOS

En 1874, paraissait le premier volume du *Dictionnaire de Chimie pure et appliquée*. A l'entrée du monument dont il était l'architecte, Adolphe Wurtz avait voulu, dans un admirable discours préliminaire, retracer l'histoire des doctrines chimiques depuis Lavoisier ; ce discours commençait en ces termes :

« La Chimie est une science française. Elle fut constituée par Lavoisier, d'immortelle mémoire. Pendant des siècles, elle n'avait été qu'un recueil de recettes obscures, souvent mensongères, à l'usage des alchimistes et, plus tard, des iatrochimistes. Vainement un grand esprit, Georges-Ernest Stahl, avait essayé, au commencement du XVIIIe siècle, de lui donner une base scientifique. Son système ne put résister à l'épreuve des faits et à la puissante critique de Lavoisier. »

Il y a quelques années, le professeur Wilhelm Ostwald, de l'Université de Leipzig, se proposa de décrire *L'évolution d'une science, la Chimie*; il eut donc à juger le progrès que la doctrine de l'oxydation, créée par Lavoisier, avait fait sur la doctrine du phlogistique, imaginée par Stahl. « Si grand que soit ce progrès, écrivit-il, on en a généralement exagéré l'importance ; car la théorie du phlogistique avait déjà résolu ce qu'il y a à proprement parler d'essentiel, la systématisation des combustions, et il ne restait plus guère qu'à prendre symétriquement l'inverse des idées relatives à la combinaison et à la décomposition. Il fallait, d'ailleurs, une très grande liberté d'esprit pour reconnaître la possibilité de ce bouleversement à l'encontre des idées courantes. »

Il est bien vrai que la doctrine de Lavoisier est, fort souvent, l'exact contrepied de la doctrine de Stahl ; l'explication que celle-ci proposait d'une réaction chimique se transforme, suivant une règle aisée et fixe, en l'explication que justifie celle-là ; un simple échange de mots accomplit ce changement ; il suffit, pour énoncer la théorie de Lavoisier, de mettre : *oxygène gagné* partout où la théorie de Stahl disait : *phlogistique perdu*, d'écrire : *oxygène perdu* partout où le chimiste allemand écrivait : *phlogistique gagné*.

Pour faire cette remarque, pour en user au détriment du renom de Lavoisier, les admirateurs de Stahl n'avaient pas attendu le professeur Ostwald. « C'est d'après ces principes, écrivait Kirwan (1), que M. Lavoisier s'est fondé pour prendre l'inverse de l'ancienne hypothèse. Au lieu de supposer que les corps inflammables contiennent une substance particulière que n'ont pas les corps non inflammables, il prétend que les premiers ont, à un certain degré de chaleur, une forte affinité avec l'air pur, et il prouve, par l'expérience, que ce qui reste de ces corps après leur combustion, et des

(1) *Essai sur le Phlogistique, et sur la constitution des acides, traduit de l'anglais de* M. KIRWAN, *avec des notes de* MM. MORVEAU, LAVOISIER, DE LA PLACE, MONGE, BERTHOLLET *et* DE FOURCROY. A Paris, Rue et Hôtel Serpente, 1788. Introduction, p. 5.

métaux après leur calcination, contient une substance qu'ils n'avaient pas auparavant. De là, il a d'abord modestement mis en question si la supposition de la substance à laquelle les chimistes ont donné le nom de phlogistique n'étoit pas entièrement superflue... »

L'écossais Kirwan était de ceux au gré desquels une théorie née en Allemagne trouve, dans son origine même, une garantie de vérité capable de briser les objections les plus raisonnables. « La nouvelle doctrine, disait-il (1), que je prends la liberté d'appeler hypothèse *anti-phlogistique*, et dont j'appellerai les sectateurs *anti-phlogisticiens*...., a de grandes présomptions en sa faveur. Cette hypothèse a été proposée dans un âge et dans un pays éclairés ; elle est recommandable par sa simplicité ; elle doit son origine à un savant de grand mérite, qui, le premier, a introduit une précision presque mathématique dans la physique expérimentale ; mais l'ancien système présente aussi de fortes présomptions en sa faveur ; il a pris naissance, il est vrai, dans un siècle moins éclairé, mais il tire son origine d'un pays où les connaissances chimiques étoient alors et où elles sont encore plus avancées que dans aucune partie de l'Europe. C'est en Allemagne que les nations modernes doivent aller se perfectionner dans la minéralogie et la métallurgie, comme les anciens alloient en Grèce se perfectionner dans les lettres. L'ancienne doctrine a été perfectionnée par les Allemands et les Suédois, et leur attachement pour elle est demeuré inébranlable ».

Quand l'Allemagne est d'un parti et la raison de l'autre, un jour vient où, en dépit de la résistance de

(1) KIRWAN, *Op. laud.*, pp. 8-9.

l'Allemagne, la raison a le dessus. Kirwan, qui était savant perspicace et homme de bonne foi, sut le reconnaître ; il devint partisan convaincu de la doctrine chimique de Lavoisier.

Il reconnut aussi, sans doute, que ce qui distingue la vérité démontrée de l'erreur admise sans preuve, c'est, bien souvent, l'échange de ces deux tout petits mots : *oui* et *non* ; mais cet échange que quelques traits de plume accomplissent dans l'écriture, il est ordinairement, dans les esprits, bouleversement profond, et de l'effort qu'exige une semblable révolution, le génie seul est capable.

Cela, plus d'un Français l'a dit au professeur Ostwald. Mais le désir de faire mieux valoir la victoire remportée sur la pensée de Stahl par la pensée de Lavoisier a conduit, parfois, à déplacer le champ où la bataille s'était livrée, à méconnaître la nature du combat.

On s'est souvenu que Stahl avait, en Physiologie, restauré l'Animisme, que l'activité de l'âme lui avait fourni, avec une excessive complaisance, l'explication de tout ce qui se passe dans le corps vivant ; un peu à la légère et sans trop s'informer, on a supposé qu'il avait raisonné de même en Chimie ; on a cru que son *phlogistos* était quelque mystérieux esprit dont les capricieuses puissances se prêtaient aux plus chimériques explications ; on a vu, dans la théorie phlogisticienne, une des formes de ce mysticisme nébuleux où se complaît l'imagination des Germains ; la réforme accomplie par Lavoisier a été saluée comme la revanche de la raison française, éprise de clarté.

Ainsi, dans son livre, si plein d'idées, sur *Les ori-*

gines mystiques de la Science allemande, M. René Lote écrivait (1) :

« Vers la fin du XVIIIe siècle, après de laborieux efforts, la Chimie s'arrachait aux errements de l'Occultisme. Cette conquête est tout un enseignement, et cet enseignement est l'œuvre d'un homme : Lavoisier.

» L'ancienne Chimie, en l'absence de la discipline scientifique, s'attardait encore à des hypothèses qui tenaient du mysticisme. Le *Phlogistique* était une fiction de cette espèce. Becher et Stahl, deux chimistes allemands, l'avaient propagée...

» Le Phlogistique était une de ces hypothèses qui se dérobent à l'expérience pour l'expliquer. Et dès lors, il prêtait à toutes les déformations mystiques ; il devenait une cause essentielle ou intérieure, et l'Animisme y trouvait son compte ».

On a été plus loin ; dans le triomphe de la Chimie de Lavoisier sur la Chimie de Stahl, on a vu la victoire du Monisme matérialiste sur le Dualisme spiritualiste.

Naguère, M. Félix Le Dantec caractérisait en ces termes (2) la doctrine de Stahl : « Le Spiritualisme ancestral avait conduit les alchimistes à faire intervenir les esprits immatériels dans les réactions de la Chimie. » De l'œuvre de Lavoisier, il disait : « Lavoisier mourut à cinquante ans sur l'échafaud de la Terreur, mais ses idées avaient triomphé malgré l'opiniâtre résistance des mystiques ; depuis la publication de ses travaux, il fut définitivement établi que les causes des phénomènes

(1) René Lote, *Les origines mystiques de la Science allemande*, thèse de Paris, 1913, pp. 91-93.
(2) Félix Le Dantec, *L'œuvre de Lamarck* (*Revue Scientifique*, 14 juin 1913, pp. 740-741).

qui se passent entre les corps bruts sont dans ces corps bruts eux-mêmes, et non dans des esprits immatériels insaisissables et inaccessibles à la mesure ; ainsi il devint possible de prévoir avec certitude les résultats des réactions par la connaissance qualitative et quantitative des éléments matériels qui y prennent part. La science était fondée, et se montra aussitôt d'une prodigieuse fécondité, tandis qu'avant Lavoisier, malgré le mérite incontestable de quelques expérimentateurs méticuleux, les innombrables recherches des alchimistes spiritualistes étaient restées à peu près complètement stériles. »

Le souci de la vérité nous oblige à le dire bien haut : La victoire de la théorie de l'oxygène sur la théorie du phlogistique n'eut aucunement les caractères qu'on lui prête.

Parmi les lointains précurseurs de Stahl, il a pu se rencontrer des alchimistes rêveurs qui donnaient une âme aux métaux ; il a pu s'en retrouver parmi les défenseurs attardés d'une théorie désormais condamnée. A aucun moment, dans son œuvre de chimiste, l'inventeur du phlogistique ne mérite l'épithète d'alchimiste mystique ; de son *phlogistos*, il ne fait point du tout un esprit capricieux ; il n'y veut voir qu'un corps semblable aux autres corps ; il l'appelle une terre ; s'il se reconnaît incapable de l'isoler, il essaye d'en définir les caractères à l'aide des réactions où il le suppose engagé ; c'est de l'expérience, et de l'expérience seule, qu'il tire tous ses arguments.

C'est par l'expérience, et par l'expérience seule, que Lavoisier lutte contre lui ; comme Stahl, Lavoisier est spiritualiste, il est convaincu que l'homme est composé d'une âme immortelle et d'un corps ; pas plus que Stahl, il ne disserte sur l'âme lorsqu'il interprète une réaction chimique.

La réforme de Lavoisier ne fut point du tout une victoire du Positivisme sur le Mysticisme, du Matérialisme sur le Spiritualisme ; ce fut, sur une méthode expérimentale imparfaite, le triomphe d'une méthode expérimentale plus parfaite.

Ne pourrions-nous donc essayer de dire, sans aucune partialité, ce que la Chimie doit au Bavarois Georges-Ernest Stahl et ce qu'elle doit au Français Antoine-Laurent Lavoisier ? Assurément, mais à une condition ; c'est de lire les écrits de Stahl, de son maître Beecher, de quelques-uns de leurs prédécesseurs, de leurs contemporains, de leurs successeurs ; or ce n'est point délassement que de chercher dans les feuillets jaunis et poudreux des vieux traités de « Chymie », où la forme cabalistique du langage ne déroute pas moins que l'étrange vétusté des pensées, le germe des idées qui devaient croître un jour et produire notre science. Afin de délimiter exactement ce qui revient à l'Allemand Stahl, ce qui appartient au Français Lavoisier, nous avons voulu nous faire fureteur consciencieux des vieux textes chimiques ; ce que nous y avons trouvé, nous allons tenter de le résumer.

Afin que le lecteur ne soit pas surpris de nos conclusions, déclarons, dès maintenant, l'une d'entre elles. Nos lectures nous ont fait reconnaître en Stahl ce grand esprit qu'Adolphe Wurtz y avait salué, que les chimistes français du XVIIIe siècle y avaient admiré. Nous n'avons pas craint de le dire, et nous n'avons pas cru que cet hommage à la vérité pût offusquer la gloire de Lavoisier. La Chimie de Stahl a vraiment préparé la Chimie de Lavoisier ; celle-ci, pour se développer, a dû briser celle-là, mais comme le chêne, pour croître, fait éclater le gland. Pour apprécier exactement la grandeur du chêne, point n'est besoin de rapetisser le gland ; et l'on peut, tout à la fois, admirer la robuste ramure qui est issue de cette graine et la graine minime qui contenait en germe un tel arbre.

CHAPITRE PREMIER

JEAN REY

En l'année 1630, le sieur Brun, apothicaire à Bergerac, écrivait à son ami Jean Rey qui était médecin au Bugue, en Périgord ; il lui disait :

« Voulant, ces jours passez, calciner de l'estain, j'en pesay deux livres six onces du plus fin de l'Angleterre, le mis dans un vase de fer adapté à un fourneau ouvert, et à grand feu l'agitant continuellement sans y adjouster chose aucune, je le convertis dans six heures en une chaux très blanche. Je la pesay pour sçavoir le déchet, et en y trouvay deux livres treize onces. Ce qui me donna un estonnement incroyable, ne pouvant m'imaginer d'où étoient venues les sept onces de plus... Je vous supplie de toute mon affection vous employer à la recherche de la cause d'un si rare effect ; et me tant obliger que par vostre moyen je sois esclaircy de cette merveille. »

A son ami Brun, Jean Rey ne refusa point les bons offices de sa science ; en réponse à la question qui lui avait été posée, il écrivit un petit livre auquel il donna ce titre : *Essays de Jean Rey, docteur en médecine, sur la recherche de la cause par laquelle l'estain et le plomb augmentent de poids quand on les calcine.* Ce livre fut publié à Bazas, en 1630, par Guillaume Millanges, imprimeur ordinaire du Roi.

Mieux instruit de la Chimie, Brun n'eût point éprouvé « l'estonnement incroyable » dont il fait part à son correspondant. On savait depuis fort longtemps que lorsque l'étain, grillé à feu nu, fournit cette masse blanche et crayeuse qu'on appelait *chaux d'étain* ou *potée d'étain*, le corps obtenu pèse plus que le métal employé pour l'obtenir. Dans les mêmes conditions, on le savait aussi, le plomb donne une chaux jaune qui est le *massicot* ou la *litharge*, et la litharge est plus lourde que le plomb métallique dont elle provient.

Jean Rey est plus érudit que son ami ; aussi lui rappelle-t-il les dires du chimiste arabe Djeber ben Haiian, de celui que les alchimistes du Moyen Age nommaient Géber, qu'Arnaud de Villeneuve appelait le Maître des maîtres. « Au cours de la transmutation, disait Géber, le plomb ne conserve pas son poids propre ; il l'échange contre un autre poids : ce nouveau poids, il l'acquiert par le magistère de l'art... Par ce même magistère, Jupiter (c'est-à-dire l'étain) acquiert du poids. »

Jean Rey avait beaucoup lu ; tout ce que les auteurs avaient dit de l'augmentation de poids des métaux calcinés, il le connaît, l'expose et le discute.

Cardan, par exemple, dans son cinquième livre *De la Subtilité*, rappelait que le plomb, lorsqu'il se change en céruse, gagne le treizième de son poids, et cela bien que rien ne lui soit ajouté. Dans cette observation, il voyait une confirmation d'une de ses doctrines favorites ; comme les animaux, comme les plantes, les pierres et les métaux sont des êtres vivants ; ils ont une âme qui est, comme toutes les âmes, une portion de la chaleur céleste ; venue du ciel, où elle a son *lieu naturel*, cette âme aspire à retourner au ciel ; elle tend à s'éloigner du centre de la terre ; elle est légère ; aussi croyait-on communément que le cadavre, délaissé par l'âme, pèse plus que ne pesait le corps vivant ; Nicolas de Cues, Léonard de Vinci professaient cette opinion ; suivant une théorie toute semblable, Cardan pense que l'alourdissement du plomb changé en céruse provient de l'évanouissement de la chaleur céleste, du départ de l'âme métallique, perdue par le plomb au moment où il mourait.

Cette opinion permettrait de regarder Cardan comme le premier tenant de la doctrine du phlogistique ; il la présente d'emblée sous la forme que lui donneront, à la fin du XVIIIe siècle, ses derniers partisans, les Black et les Gren, qui regarderont le phlogistique comme une substance douée de légèreté, les Ab Indagine qui en feront une âme métallique.

Jules-César Scaliger ne faisait grâce à aucune des pensées de Cardan ; aussi tournait-il en dérision celle que nous venons de rapporter ; mais l'hypothèse qu'il lui substituait revenait à peu près au même ; selon cette supposition nouvelle, le plomb contient des particules aériennes ; il s'alourdit parce que ces particules se consument dans la calcination. C'était admettre que l'air est léger, tandis qu'Aristote et la plupart de ses successeurs le déclaraient pesant ; l'air léger de Scaliger jouait le même rôle que l'âme métallique imaginée par Cardan ; mieux encore que celle-ci, il semblait être un avant-coureur du phlogistique léger des Gren et des Black.

C'est à la suie du foyer, condensée dans les pores du massicot, que Césalpin voulait attribuer l'accroissement de poids dont s'accompagne la transformation du plomb en litharge. Raison qui ferait rire des conscrits ! s'écriait Libavius, fort des observations de son compatriote Modestin Fachs; est-ce que la chaux vive augmente de poids quand on la soumet à semblable feu?

A toutes ces opinions dont il montre l'invraisemblance ou la vanité, Jean Rey oppose celle qu'il a conçue :

« A cette demande doncques, appuyé sur les fondemens jà posez, je responds et soutiens glorieusement : Que ce surcroît de poids vient de l'air, qui dans le vase a esté espessi, appesanti, et rendu aucunement adhésif, par la véhémente et longuement continuée chaleur du fourneau ; lequel air se mesle avec la chaux (à ce aydant l'agitation fréquente) et s'attache à ses plus menuës parties ; non autrement que l'eau appesantit le sable que vous jettez et agitez dans icelle, pour l'amoitir et adhérer au moindre de ses grains ».

Cette comparaison permet à Jean Rey d'expliquer comment la calcination, si longtemps qu'on la poursuive, ne fait pas croître indéfiniment le poids de la litharge ou de la potée d'étain ; lorsqu'une certaine quantité d'air a été absorbée, la chaux métallique se trouve saturée, à la façon du sable qui a fixé une certaine masse d'eau.

La joie de la découverte exalte notre médecin de campagne ; c'est par un chant de triomphe qu'il termine ses *Essays* :

« Voylà maintenant cette vérité dont l'esclat frappe vos yeux, que je viens de tirer des plus profonds cachots de l'obscurité. C'est celle-là de qui l'abord a esté jusqu'à présent inaccessible. C'est elle qui a fait suer d'ahan tout autant de doctes hommes qui, la voulans accointer, se sont efforcez de franchir les difficultez qui la tenoient enceinte. Cardan, Scaliger, Fachsius, Césalpin, Libavius l'ont curieusement recherchée, non jamais aperceuë. D'autres en peuvent estre en queste, mais en vain s'ils ne suyvent le chemin que je leur ay tout premier desfriché et rendu royal ; tous les autres n'estans que sentiers épineux, et destours inextricables qui ne mènent jamais à bout. Le travail a esté mien, le profit en soit au lecteur, et à Dieu seul la gloire ! »

Ce chant de victoire nous semblera-t-il excessif, et jugerons-nous que Jean Rey met son œuvre à trop haut prix ? Nous passerions en sévérité l'homme qui fut le plus capable d'évaluer exactement cette œuvre. Voici, en effet, comment l'appréciait Lavoisier (1) dans ses *Détails historiques sur la cause de l'augmentation du poids qu'acquièrent les substances métalliques, lorsqu'on les chauffe pendant leur exposition à l'air* :

« Descartes ni Pascal n'avoient point encore parus ; on ne connoissoit ni le vuide de Boyle, ni celui de Toricelli, ni la cause de l'ascension des liqueurs dans les tubes vuides d'air ; la physique expérimentale n'existoit pas ; l'obscurité la plus profonde régnoit dans la Chimie. Cependant Jean Rey, dans un ouvrage publié en 1630 sur la recherche de la cause pour laquelle le plomb et l'étain augmentent de poids quand on les oxide, développa des vues si profondes, si analogues à tout ce que l'expérience a confirmé depuis, si conformes à la doctrine de la saturation et des affinités, que je n'ai pu me défendre de soupçonner longtemps que les essais de Jean Rey avoient été composés à une date très postérieure à celle que porte le frontispice de l'ouvrage. »

Le savant français dont Lavoisier avait fait ce magnifique éloge n'est même pas nommé par le professeur Ostwald.

(1) LAVOISIER, *Mémoires de Chimie*, t. II, p. 79.

CHAPITRE II

JEAN MAYOW

Jean Rey avait ouvert une route royale; mais, jusqu'au jour où, à grandes guides, Lavoisier y conduira l'équipage de la Chimie moderne, elle sera bien délaissée. En 1674, cependant, un chercheur s'y engagera; bien qu'ignorant de la carrière déjà fournie par le médecin périgourdin, il poussera beaucoup plus avant que son prédécesseur; ce second précurseur de Lavoisier sera un Anglais, Jean Mayow.

Jean Mayow naquit en 1645 dans le comté de Cornouailles; il prit, à l'Université d'Oxford, le grade de docteur en Médecine, mena une vie que l'histoire n'a pu tirer de l'obscurité, et mourut en 1679, à l'âge de trente-quatre ans.

A l'âge de vingt-six ans, en 1671, il publiait à Leyde un *Tractatus de respiratione* où se dessinaient déjà les premières lignes de son système; trois ans plus tard, il publiait à Oxford une collection de cinq traités sur la Médecine et la Physique (1); il y exposait en détail sa doctrine et les expériences qui la justifiaient.

(1) *Tractatus quinque medico-physici, quorum primus agit de sale nitro et spiritu nitro-aereo; secundus de respiratione; ... Studio* Joh. Mayow, Oxonii, 1674. — De cet

L'air, au gré de Mayow, n'est pas un fluide homogène ; il contient, disséminé dans sa masse, des parties plus actives que le reste ; ces parties sont seules capables d'entretenir la combustion ; le corps qui brûle les absorbe ; si cette combustion se fait en vase clos, l'air qui reste est en moindre quantité que l'air primitivement enfermé dans le vaisseau ; privé de sa partie active, cet air n'est plus propre à entretenir la combustion.

A cette partie active de l'air, notre auteur donne des noms variés, ceux, par exemple, d'*esprit igno-aérien* ou de *particules nitro-aériennes* ; comment ce dernier nom dérive des idées qu'il se fait sur la constitution du nitre ou salpêtre, nous le dirons dans un instant ; mais nous dirons aussi comment il voit, dans son *esprit igno-aérien*, le principe qui engendre l'acidité, en sorte qu'il lui eût volontiers donné le nom d'oxygène.

Les propositions dans lesquelles Mayow condense sa théorie sont d'une parfaite clarté.

« D'abord, dit-il, on m'accordera qu'il existe, quel que soit ce corps, quelque chose d'aérien, nécessaire à l'alimentation de la flamme (1). Car l'expérience démontre qu'une flamme exactement emprisonnée sous une cloche ne tarde pas à s'éteindre, non pas, comme on le croit vulgairement, par l'action de la suie qui se produit, mais par défaut d'un aliment aérien (2). Dans un vase de verre où l'on a fait le vide, on ne peut, à l'aide d'une

ouvrage, on trouve des extraits étendus dans : Ferd. Hœfer, *Histoire de la Chimie depuis les temps les plus reculés jusqu'à notre époque*. Tome II, Paris, 1843. Pp. 260-270.

(1) *Concedendum arbitror nonnihil, quicquid sit, aereum ad flammam quamcumque conflandam necessarium.*

(2) *Pabulo aereo destitutam in terire.*

lentille, faire brûler même les substances les plus combustibles, telles que le soufre et le charbon.

» Mais il ne faut pas s'imaginer que l'élément igno-aérien soit l'air lui-même; c'en est seulement la partie la plus active (1) ».

Ces principes vont fournir à notre auteur l'explication d'expériences qu'on avait accoutumé de décrire, dès l'Antiquité, dans les traités où l'on prétendait démontrer que la Nature a horreur du vide. A ces explications chimiques, il mêle, assez malencontreusement, des considérations de Physique fort obscures. Robert Boyle venait de faire, sur la compressibilité de l'air, ses expériences célèbres. Son élève Townley lui avait, dans les résultats de ses observations, fait découvrir cette loi : La densité de l'air est proportionnelle à la pression qu'il supporte. Par de nouvelles mesures, le grand expérimentateur anglais avait mis hors de doute la vérité de cette proposition qui allait être, en France, contrôlée de nouveau par Mariotte. Ces résultats, à la fois si simples et si importants, attiraient, sur l'élasticité de l'air, l'attention de tous les physiciens. On voyait incessamment paraître des mémoires dont les auteurs prétendaient expliquer pourquoi l'air a du ressort. Jean Mayow ne résista pas à l'engouement général ; dans ses particules nitro-aériennes, il crut découvrir non seulement l'aliment de toute combustion, mais encore la cause de l'élasticité de l'air.

« Les expériences de Boyle, dit-il, ont mis hors de doute que l'air est élastique ; mais on ignore encore l'origine de cette propriété. Je vais maintenant dire ce

(1) *At non est existimandum pabulum igno-aereum ipsum aerem esse, sed tantum ejus partem magis activam.*

que je sais sur ce sujet. D'abord, on m'accordera que l'air contient certaines particules que j'ai appelées ailleurs particules nitro ou igno-aériennes ; qu'ensuite, ces particules sont nécessaires à la combustion, et qu'enfin l'air privé de ces particules est incapable d'entretenir la flamme...

» Personne n'ignore que, quand on met une bougie sous une petite cloche renversée, et qu'on place ce petit appareil sur la surface de la peau, la flamme ne tarde pas à s'éteindre, et l'espace circonscrit par la petite cloche est presque vide, car la peau est refoulée dans l'intérieur de cette cloche par la pression de l'air ambiant... C'est donc aux parties élastiques soustraites qu'il faut attribuer l'élasticité de l'air...

» L'expérience suivante me fera mieux comprendre.

» Lorsqu'on allume une bougie s'élevant à six travers de doigts au dessus de l'eau, et qu'on l'emprisonne sous une cloche de verre renversée, on remarque que l'eau qui se trouve sous la cloche est d'abord au niveau de l'eau environnante. Mais, à mesure que la bougie brûle, on verra l'eau s'élever graduellement dans l'intérieur de la cloche. Il résulte de là que la bougie, en brûlant, s'est emparée des parties nitro-aériennes et élastiques, en sorte que l'air confiné n'est plus capable de résister comme auparavant à la pression de l'atmosphère. »

La même expérience se peut répéter avec d'autres substances combustibles telles que le camphre ou le soufre ; Mayow les place dans une petite coupelle qui flotte sur l'eau ; il recouvre le tout d'une cloche de verre dont les bords plongent dans cette même eau ; il allume la substance combustible, au travers des parois de la cloche, en concentrant sur elle, à l'aide d'une lentille, les rayons du soleil.

Lorsque le camphre ou le soufre, en brûlant, s'est emparé de tout l'esprit igno-aérien que contenait l'air de la cloche, il s'éteint. Il n'est plus possible de le rallumer au sein du gaz qui demeure sous la cloche.

« Et qu'on ne s'imagine pas que ce fût parce que le noir de fumée, déposé sur les parois du verre, s'opposait au passage des rayons concentrés par la lentille; j'avais eu la précaution de coller en un point de l'intérieur du verre un morceau de papier que j'enlevais, au moyen d'un fil, au moment de l'expérience; c'est par ce point, pur de tout noir de fumée, que je faisais arriver le rayon ardent. »

Donc, l'air qu'une première combustion a privé de son esprit nitro-aérien est impropre à toute nouvelle combustion.

Ces particules nitro-aériennes que l'air a perdues durant la combustion, que sont-elles devenues ?

« Que deviennent pendant la combustion les particules igno-aériennes ? Nous n'en savons rien, sinon qu'elles se convertissent en un autre air pernicieux.

» Dans la combustion produite, à l'aide d'une lentille, par l'action des rayons solaires, ce sont les particules igno-aériennes qui interviennent exclusivement. Car l'antimoine, calciné à l'aide d'une lentille, se convertit en antimoine diaphorétique (1), entièrement semblable à celui qu'on obtient en traitant l'antimoine par l'esprit acide du nitre (2). L'antimoine, ainsi traité par l'une ou l'autre méthode, augmente en poids d'une manière à peu près égale. Et l'on ne voit guère d'où proviendrait

(1) L'anhydride antimonieux de notre nomenclature moderne.

(2) Ce que nous nommons aujourd'hui acide nitrique ou azotique.

cette augmentation de poids de l'antimoine, sinon des particules nitro- et igno-aériennes qui ont été fixées sur lui durant la calcination (1). »

Le génie de Mayow retrouve ici la pensée de Jean Rey ; mais, en la retrouvant, il la précise et la complète. Si un métal augmente de poids lorsqu'on le calcine, c'est qu'il s'est emparé d'une partie de l'air au contact duquel on l'a brûlé ; mais ce qui peut ainsi se combiner au métal ardent, ce n'est pas n'importe quelle partie de l'air ; l'air n'est pas un élément simple ; il est un mélange dont un composant est plus actif que l'autre ; ce composant plus actif, que Mayow nomme esprit igno-aérien, que Lavoisier devait un jour appeler oxygène, se fixe seul sur le métal calciné.

A ce corps igno-aérien, Mayow donne également le nom d'esprit nitro-aérien ; ce nom lui est dicté par l'idée, d'une extrême clairvoyance, qu'il se fait sur la constitution du nitre ou salpêtre.

Le salpêtre est un composé riche en particules igno-aériennes ou, comme nous dirions aujourd'hui, en oxygène ; lorsqu'il se décompose en détonant, il met en liberté une grande quantité de ces particules, qui peuvent entretenir la combustion des substances mêlées au nitre, par exemple du soufre et du charbon contenus dans la poudre à canon.

« Il faut ensuite établir, dit Mayow, que les particules igno-aériennes nécessaires à l'entretien de la flamme se trouvent également engagées dans le sel de nitre, et qu'elles en constituent la partie la plus active, celle qui

(1) *Quippe vix concipi potest, unde augmentum illud antimonii nisi a particulis nitro-aereis igneisque ei inter calcinandum infixis procedat.*

alimente le feu. Car un mélange de nitre et de soufre peut très bien être enflammé sous une cloche vide d'air, d'où l'on a extrait, par conséquent, cette partie de l'air qui sert à alimenter la flamme ; et ce sont alors les particules igno-aériennes du nitre qui font brûler le soufre. »

Après avoir rapporté plusieurs expériences qui lui semblent propres à fortifier cette opinion, notre auteur conclut :

« Donc le nitre renferme en lui-même ces particules igno-aériennes nécessaires à l'alimentation de la flamme. Dans la déflagration du nitre, les particules igno-aériennes deviennent libres par l'action du feu, qu'elles alimentent puissamment. »

D'où proviennent ces particules nitro-aériennes contenues dans le nitre? De l'air qui les a fournies aux pierres et aux terres, riches en potasse, à la surface desquelles s'est effleuri le salpêtre.

« Le nitre se compose d'un acide et d'un alcali. C'est ce que démontre l'analyse et ce que confirme la génération même du nitre. Il est certain que l'air intervient dans la formation du nitre ; mais la terre intervient aussi de son côté ; c'est elle qui fournit probablement le sel fixe (1), tandis que la partie volatile est fournie par l'air. Et il est vraisemblable que si les cendres et la chaux brûlée rendent la terre fertile, c'est parce que ces substances fournissent un élément propre à la formation du nitre. »

Comme tous les chimistes de son temps, Mayow sait que le salpêtre renferme un acide ; on l'appelait alors esprit du nitre ; nous le nommons aujourd'hui acide

(1) Le carbonate de potassium.

azotique; cet acide, il se garde bien de le confondre avec l'esprit nitro-aérien. « L'esprit acide de nitre est trop pesant proportionnellement à l'air dont il se compose; puis, l'esprit nitro-aérien, quel qu'il soit, sert d'aliment au feu et entretient la respiration des animaux, comme nous le démontrerons plus bas; tandis que l'esprit acide de nitre est éminemment corrosif et, loin d'entretenir la vie et la flamme, il n'est propre qu'à les éteindre. »

Cette comparaison entre l'esprit acide du nitre et les particules igno-aériennes suggère cependant à notre auteur une supposition nouvelle, et c'est celle-ci : Les particules nitro-aériennes entrent dans la composition de tous les acides.

La combustion du soufre donne un acide; durant cette combustion, les particules igno-aériennes s'unissent aux particules du soufre « de manière à donner naissance à un corps nouveau, à une liqueur acide qui n'est autre chose que l'esprit acide du soufre en question...

» Faisons observer, en passant, que les esprits acides fournis par la distillation du sucre et du miel sont probablement aussi formés par l'action de l'esprit nitro-aérien.

» En chauffant de l'esprit de nitre (1) avec du soufre concassé, on obtient un acide (2) tout semblable à celui qu'on obtient par la distillation du vitriol (3). Dans ces deux opérations, le soufre s'empare des mêmes particules nitro-aériennes qui se trouvent et dans l'esprit de

(1) L'acide azotique.
(2) L'acide sulfurique.
(3) Du sulfate de fer.

nitre et dans l'air ; car lorsque la mine salino-sulfureuse ou marcassite (1), de laquelle on retire le soufre commun, se trouve exposée à l'influence de l'air et de la pluie, elle se convertit en vitriol. Pourquoi ? c'est que les particules nitro-aériennes qui existent naturellement dans l'air entrent en fermentation avec les particules du soufre, qui se transforme alors en acide.

» Ce n'est pas tout ; la rouille du fer, combinée dans le vitriol, prend elle-même naissance sous l'influence des particules nitro-aériennes de l'air ; car l'acide qui se produit corrode le fer et le transforme en rouille avec laquelle il se combine, et il se passe alors la même chose que lorsqu'on traite le fer par un acide. »

Comment après Lavoisier, après, l'établissement de la nouvelle nomenclature chimique, eût-on rendu compte de ces réactions ?

De la première, on eût dit : Le soufre s'empare de l'oxygène contenu dans l'acide azotique pour se transformer en acide sulfurique.

De la seconde, on eût écrit : La marcassite, qui est du sulfure de fer, est un composé de soufre et de fer. Au contact de l'air humide, le soufre prend de l'oxygène et de l'eau et donne ainsi de l'acide sulfurique ; le fer, de son côté, se combine à l'oxygène pour fournir de l'oxyde de fer ; l'acide sulfurique et l'oxyde de fer ainsi produits, s'unissant l'un à l'autre, donnent du sulfate de fer.

Qu'eût-on fait, si ce n'est appeler oxygène ce que Mayow appelait particules igno-aériennes, et donner à chaque substance chimique le nom que lui attribuent les règles nouvelles ? Une telle comparaison est bien

(1). Le sulfure de fer.

propre à mettre en évidence l'extrême perspicacité des vues du jeune médecin d'Oxford.

Mais nous n'avons pas pris encore l'exacte mesure de son génie car nous n'avons rien dit du rôle physiologique qu'il attribue à l'esprit nitro-aérien.

Lorsqu'un animal respire, il s'empare des particules igno-aériennes de l'air exactement comme s'en empare un corps qui brûle ; telle est l'affirmation que Mayow avait émise dès 1671 dans son *Traité de la respiration* et qu'il s'efforce de démontrer par de nombreuses expériences.

Il fait respirer une souris dans un vase que ferme hermétiquement une membrane mouillée ; au bout d'un certain temps, il voit que la pression de l'air extérieur refoule la membrane vers l'intérieur du vase, comme si, au lieu d'une souris, on y avait mis une bougie allumée ; la souris a donc consommé une partie de l'air contenu dans le vase, tout comme l'eût fait le corps incandescent.

Dans une autre expérience, il met une souris sous une cloche renversée sur une cuve d'eau ; il voit peu à peu l'eau monter dans la cloche comme si l'animal vivant avait été remplacé par un corps en combustion.

« En mesurant le volume de l'air qui restait, je me suis assuré qu'il avait diminué d'un quatorzième.

» Il résulte de là que l'air perd, par la respiration des animaux comme par la combustion, de sa force élastique ; et il faut croire que les animaux, tout comme le feu, enlèvent à l'air des particules du même genre ».

Dans une autre série d'expériences, notre médecin mettait à la fois, sous une même cloche, une souris vivante et un corps enflammé ; il constatait que la souris cessait de vivre au bout d'un temps moitié moindre que si elle avait eu, pour elle seule, la même provision d'air. « Et qu'on ne croie pas, ajoute-t-il, que l'animal ait été suffoqué par la fumée, car j'avais employé de l'alcool qui, comme on sait, ne répand pas de fumée ».

Quel est, dans le corps de l'animal, le rôle joué par ces particules intro-aériennes empruntées à l'air au moyen de la respiration ? Voici la réponse à cette question :

« J'avais annoncé déjà, dans un précédent traité, que l'usage de la respiration consistait en ce que, par le ministère des poumons, certaines particules absolument nécessaires au maintien de la vie animale sont séparées de l'air et mêlées à la masse du sang, et que l'air expiré a perdu quelque chose de son élasticité.

» Les particules aériennes absorbées pendant la respiration sont destinées à changer le sang noir ou veineux en sang rouge ou artériel ; aussi le sang exposé à l'air a-t-il une couleur plus rouge à la surface qui se trouve immédiatement en contact avec l'air ».

Arrêtons ici cette esquisse de la doctrine de Jean Mayow ; elle est bien imparfaite et cependant, croyons-nous, elle suffit à ravir l'admiration du lecteur.

Jamais chimiste n'avait proposé système si clair, si logiquement coordonné ; jamais on n'avait rien dit où la part de la vérité fût si grande et celle de l'erreur si réduite ; le jeune médecin d'Oxford ne se bornait pas, d'ailleurs, à raisonner ; à ses déductions il joignait ce que n'avait pas donné son précurseur Jean Rey ; il imaginait, il effectuait des expériences : à ces expériences manquait encore, il est vrai, la précision convaincante des mesures ; elles restaient, pour la plupart, purement qualitatives ; elles n'en étaient pas moins conçues et critiquées de façon fort ingénieuse. Une telle théorie chimique méritait une ample renommée.

Elle ne l'eut point.

Cependant, on put croire un moment que la faveur des doctes ne lui serait pas refusée. A l'enseignement de Jean Rey, nul écho n'avait répondu ; l'enseignement de Jean Mayow eut la bonne fortune d'être écouté de quelques savants contemporains, et non des moindres.

Le plus éminent disciple de Mayow fut Robert Hooke (1635-1702). Jamais, croyons-nous, Hooke n'a cité le nom du médecin d'Oxford ; mais les idées qu'il a émises au sujet de la combustion rappellent si exactement, par le fond comme par la forme, la théorie de ce dernier, que force est de les croire issues de cette théorie.

Robert Hooke est un des esprits les plus curieux qui se soient rencontrés parmi les savants ; sa sagacité s'est exercée sur des sujets fort divers et, sur nombre d'entre eux, il a découvert des vues que l'avenir devait montrer singulièrement justes et profondes. Pour mériter le titre de génie, rien ne lui a manqué, si ce n'est cette longue patience qui, d'une pensée clairvoyante, fait une doctrine accomplie. En même temps que Newton, par exemple, il a marqué les traits essentiels de la théorie de la gravité universelle ; mais il s'est contenté de tracer une esquisse ; son émule, au contraire, poussait jusqu'à l'achèvement le tableau que le livre des *Principes* nous fait admirer.

Parmi les œuvres posthumes de Hooke, on trouve un écrit non daté (1) qui est bien propre à mettre en évi-

(1) *A General Scheeme, or Idea of the Present State of Natural Philosophy, and how its Defects may be Remedied by a Methodical Proceeding in the making Experiments and collecting Observations. Whereby to Compile*

dence l'universelle curiosité de l'auteur; c'est un programme ample et détaillé de la méthode que la Science de la Nature aurait à suivre pour atteindre à son plein développement; les questions qu'il lui faudrait résoudre sont classées par chapitre, et chaque chapitre énumère une longue suite de problèmes. Nombre de gens, au cours des âges, se sont complus à dessiner de tels plans ; il est sans exemple que la Science en ait recueilli le moindre bénéfice ; l'inventaire le mieux ordonné de tous les problèmes à résoudre n'a jamais valu la solution du moindre d'entre eux ; et lorsque cette solution a été découverte, c'est ordinairement par une voie qu'aucun programme n'avait prévue.

La sixième série des questions énumérées par Robert Hooke concerne « les diverses sortes de mélanges que l'air souffre de la part des météores ». Nous y lisons ceci (1) : « Le feu n'est-il pas, en général, un effet de l'air qui corrode et dissout le corps combustible quand celui-ci est échauffé ? ». Et, presque aussitôt, à l'attention du chercheur, l'auteur propose les propriétés du salpêtre, de la poudre à canon et des autres substances explosives.

Dans des *Leçons sur la lumière*, données en 1681, l'interrogation que nous venons d'entendre se transforme en affirmation (2). « Tous les corps sulfureux, onctueux, résineux ou spiritueux » peuvent brûler en dégageant de la lumière. Lorsqu'un de ces corps a été

a Natural History, as the Solid Basis for the Superstructure of True Philosophy (The Posthumous Works of ROBERT HOOKE. London, 1705).

(1) *The posthumous Works of* ROBERT HOOKE, p. 32.

(2) ROBERT HOOKE, *Lectures on Light*, Sect. IV, mai 1681 (*The posthumous Works*, p. 110-111).

chauffé jusqu'à un certain degré, plus ou moins élevé selon qu'il s'agit d'une substance ou d'une autre, « il est consumé ou dissous par l'air qui l'environne » ; dans cette opération, l'air joue le rôle de dissolvant ; il agit comme l'eau sur le sel ou le sucre ; il est ce qu'on nommait alors un *menstrue* ; et pendant qu'il est consumé ou dissous par ce menstrue, le corps combustible émet une grande quantité de lumière.

Lorsque Hooke tenait ce langage, il est permis de croire qu'il ne connaissait pas encore l'œuvre de Jean Mayow ; au contraire, il la connaissait certainement lorsqu'en 1682, devant la Société Royale de Londres, il prononçait un *Discours sur la nature des comètes*. « Dans le feu et la flamme, disait-il maintenant (1), le menstrue qui dissout les corps, ce n'est pas l'air lui-même ; il faut attribuer ce rôle à un corps d'une espèce particulière, qui s'élève de terre et qui a le pouvoir de dissoudre et de mettre en œuvre les corps onctueux, sulfureux et combustibles ; ce corps, c'est l'esprit nitreux aérien ou volatil. Qu'on le fournisse à un corps, et ce corps sera dissous comme par le feu, même en l'absence de l'air ; c'est ce qui se voit dans les compositions où le sel de nitre est mêlé à d'autres substances combustibles, par exemple dans la poudre à canon ; que cette dernière puisse effectivement brûler même sans le secours de l'air, on en peut faire l'épreuve en la mettant sous l'eau ».

Ces particules nitreuses, se trouvent donc répandues « dans notre air, et peut-être en forment-elles la partie

(1) Robert Hooke, *A Discourse of the Nature of Comets. Read at the Meetings of the Royal Society, soon after Michaelmas 1682* (*Posthumous Works*, p. 169).

qui mérite le plus proprement le nom de partie vitale ; c'est cette partie qui fournit le menstrue capable de consumer et d'enflammer les corps ; c'est par elles que se continuent la vie, la chaleur et le mouvement de tous les animaux, de tous les végétaux ».

Pour la doctrine de Jean Mayow, c'était assurément bonne fortune que l'illustre Hooke, dans un discours solennel entendu par la Société Royale de Londres, affirmât l'existence des particules nitro-aériennes, qu'il y déclarât le rôle essentiel joué par cet esprit dans la combustion et dans les phénomènes de la vie. Quelle distance, cependant, entre les propositions précises, détaillées, confirmées par plusieurs expériences, qu'avait produites le modeste médecin d'Oxford, et les vagues généralités que proclamait le rival de Newton ! Si celui-là méritait, mieux que tout autre, d'être appelé précurseur de Lavoisier, celui-ci, vraiment, n'avait plus, à ce titre, que des droits bien précaires.

Robert Hooke ne fut pas, au XVIIe siècle, le seul savant qui comprît l'importance du système proposé par Mayow. Les chimistes et les médecins ne demeurèrent pas tous entièrement sourds à la voix du génial inventeur d'Oxford. Quelques-uns reçurent sa doctrine sans l'enrichir. H. Mund l'exposa dans un livre intitulé : Βιοχρηστιολογία, *sive Commentarii de aere vitali* ; et ce livre eut, sans doute, grande vogue, car il fut imprimé à Oxford en 1680 et en 1685, à Londres en 1680, à Francfort et Leipsick en 1685. Un professeur de Bologne, L. M. Barbieri, donna, en 1680, son traité : *Spiritus nitroaerei operationes in Macrocosmum*. A Toulouse, en 1685, J. B. Giovannini publia une *Dissertation sur la fermentation, sur le nitre et l'air*. Puis le silence se fit sur l'admirable théorie de Jean Mayow ; son heure n'était pas encore venue.

CHAPITRE III

ROBERT BOYLE

Aussitôt après la publication du prophétique traité de Jean Mayow, si quelque fée bienfaisante avait, pour cent ans, endormi tous les chimistes, le réveil eût sonné, dans les laboratoires, tout juste au moment où Lavoisier leur annonçait ses premières expériences. La Science eût alors offert le tableau d'un de ces progrès continus dont on lui attribue trop souvent le précieux privilège. On eût entendu Jean Rey formuler les premières affirmations de la doctrine véritable ; on eût vu Jean Mayow dessiner les propositions les plus importantes de cette théorie, en marquer l'enchaînement, les rendre probables par d'ingénieuses expériences qualitatives ; Lavoisier fût enfin venu tout compléter, tout préciser, tout démontrer par la précision de ses mesures et par la rigueur de sa critique.

De ces progrès parfaitement réguliers et parfaitement suivis, l'histoire de la Science ne nous rapporte que de bien rares exemples ; le plus souvent, une vérité n'est pas reçue d'une manière définitive avant qu'elle n'ait été découverte à plusieurs reprises, séparées les unes des autres par de longs intervalles d'erreur et d'oubli ; presque toujours, chacun de ceux qui la retrouvent ignore tout de la trouvaille faite par ses prédécesseurs, en sorte qu'il lui faut, sur nouveaux frais, recommencer une besogne dont une bonne part avait été jadis accomplie ; c'est lorsqu'il a péniblement achevé sa tâche qu'on se souvient enfin de ses précurseurs et qu'on s'enquiert de leurs divinatrices prévisions ; l'œuvre des premiers pionniers semble ainsi n'avoir eu que deux usages : Contenter la curiosité de quelques fureteurs de vieux livres, et fournir des pièces aux envieux qui contestent, à l'homme de génie, la priorité de son invention.

Ainsi en fut-il de la Chimie. Lorsque Jean Mayow esquissait toute la théorie de l'oxydation, il ne savait pas que, déjà, Jean Rey avait mis au compte de l'air absorbé l'augmentation de poids d'un métal qu'on calcine. Quand Lavoisier connut la pensée du médecin périgourdin, ses propres méditations la lui avaient fait retrouver depuis longtemps et ses expériences l'avaient mise hors de doute ; peut-être ne sut-il jamais que le médecin d'Oxford avait, cent ans avant lui, tracé l'esquisse du tableau qu'il avait dû dessiner et peindre sur une toile entièrement blanche. Pendant un siècle, dédaignant la voie royale qui lui était ouverte, la Chimie avait erré par des chemins tortueux et entrelacés qui n'avaient pu, trop souvent, que l'écarter de la vérité.

Celui qui contribua le plus à égarer la Science dans ces fausses voies était un contemporain et un compatriote de Jean Mayow, un très grand physicien, Robert Boyle (1626-1691).

Les chimistes, jusqu'alors, s'étaient mis d'accord avec Aristote pour regarder le feu comme un élément léger ; libres de tout empêchement, les autres substances tombaient vers le centre de la terre ; le feu, au contraire, s'en éloignait ; l'union du feu avec quelque corps, bien loin d'alourdir celui-ci, lui devait faire perdre de son poids. C'est ce principe universellement admis que Boyle se propose de renverser ; il se prend à soutenir que la flamme peut être rendue pesante, et que ce feu devenu grave, en s'unissant aux métaux, produit l'accroissement de poids dont s'accompagne la calcination. « La flamme même, dit-il, peut être insérée dans les corps compacts et solides, au point d'en accroître la masse et le poids. »

Pour établir cette supposition, le grand physicien multiplie les expériences.

Il en fait, tout d'abord, de bien peu convaincantes, celles, par exemple, où il chauffe du cuivre ou de l'argent dans la flamme du soufre allumé : déjà, on savait assez de Chimie pour reconnaître que c'est, en ce cas, la vapeur de soufre, et non la flamme, qui s'unit au métal.

Divers essais où les métaux sont chauffés à feu nu ne sont, eux non plus, ni nouveaux ni probants. Notre auteur fait donc des expériences en vase clos.

Il emploie, d'abord, de doubles creusets si soigneusement lutés qu'il n'y entre, qu'il n'en sorte rien « *visibiliter* » ; mais la porosité de la terre réfractaire, à laquelle il ne prend pas garde, laisse passer *invisibiliter* l'air et les autres gaz, et les résultats obtenus s'expliquent ainsi tout autrement qu'il ne le croit.

Il tente enfin, ce que l'art du verrier n'avait pas encore rendu facile, de chauffer des métaux dans des matras scellés ; lorsque le vase de verre ne s'est pas brisé au cours de l'opération, il constate une légère augmentation de poids du métal chauffé ; il en conclut que la subtilité du feu permet à cet élément de traverser les pores du verre et de venir se condenser dans la masse métallique. Un jour, le P. Beccaria, puis, plus tard,

Lavoisier montreront la cause d'erreur par laquelle Boyle s'est laissé piper ; ce qui s'est uni au métal, c'est une partie de l'air enfermé dans le matras. Mais la plupart des chimistes seront moins méfiants ; sans renouveler les expériences de Boyle, ils en admettront l'exactitude ; ils croiront qu'un métal s'alourdit lorsqu'on le chauffe en vase hermétiquement clos, et cette fâcheuse confiance en la parole d'autrui les détournera de la voie que Jean Rey et Jean Mayow leur avaient si prophétiquement indiquée.

Qu'un fluide pesant — tel le feu, au gré de Robert Boyle — puisse, à chaud ou à froid, traverser les parois d'un vase de verre, c'est une hypothèse que l'expérience n'a jamais vérifiée ; ce n'est pas, observons-le avec grand soin, une hypothèse absurde. Nous savons aujourd'hui que toutes les membranes d'origine animale ou végétale livrent, à froid, passage à l'hydrogène ; qu'à la température du rouge, le fer et le platine deviennent perméables à ce gaz. Il eût donc fort bien pu se faire que le verre fût, lui aussi, perméable à tel ou tel gaz ; le progrès de la Chimie eût été, sans aucun doute, singulièrement entravé par cette circonstance, mais les principes de la saine raison n'en eussent aucunement souffert.

L'hypothèse de Boyle n'était donc pas condamnable *a priori* ; elle n'en fut pas moins une fâcheuse pensée, et singulièrement préjudiciable au développement régulier de la méthode chimique ; elle a ouvert aux chercheurs un chemin trop facile vers les fallacieuses explications ; désormais, lorsqu'une réaction leur montrera, en quelque substance, un accroissement ou une diminution de masse dont la cause ne leur apparaîtra pas tout d'abord, ils imagineront, sans se mettre plus en peine, que quelque corps, en dépit des parois de verre, est entré dans la cornue ou s'en est enfui ; pendant plus d'un siècle, cette échappatoire trop commode va permettre aux expérimentateurs de négliger l'examen de certaines difficultés ; or c'est cet examen qui leur ferait découvrir la clé de la théorie chimique.

« Quel est, donc disait Boyle, ce fluide, bien plus subtil que toutes les liqueurs visibles, qui se montre capable de pénétrer les corps compacts et solides des métaux, de leur ajouter quelque chose dont le poids, déterminé dans la balance, n'est pas négligeable ? » Il pressait les chimistes de poursuivre l'étude de ce fluide.

Il sera écouté de nombre de chercheurs.

Les uns, s'attachant à la pensée qu'il avait émise, continueront de croire que les métaux augmentent de poids dans la calcination parce que la flamme condensée se combine avec eux.

D'autres, négligeant la variation de poids qui accompagne cette calcination, diront que le métal contient en lui un des principes propres à former la flamme et qu'il l'abandonne au moment où il se convertit en chaux ; ceux-ci retourneront, pour ainsi dire, l'hypothèse de Boyle et, par là, composeront la théorie du phlogistique ; pour premier maître, ils reconnaîtront Stahl, disciple de Beccher.

CHAPITRE IV

LES CINQ PRINCIPES DES COMBINAISONS CHIMIQUES

Si nous voulons comprendre ce que contenaient de neuf les doctrines de Beccher et de Stahl touchant la composition des corps, il nous faut souvenir de ce qu'on enseignait communément au temps où ils écrivaient. Cet enseignement courant, demandons-en la formule essentielle au *Cours de Chymie* le plus répandu à cette époque, à celui de Nicolas Lemery.

« Comme les chymistes, en faisant l'analyse des divers mixtes, ont trouvé cinq sortes de substances, ils ont conclu, disait Lemery, qu'il y avait cinq principes des choses naturelles, l'eau, l'esprit, l'huile, le sel et la terre... ; l'esprit, qu'on appelle *mercure*... ; l'huile, qu'on appelle *soufre*... ; l'eau, qu'on appelle *phlegme*... ; la terre, qu'on appelle *terre morte* ou *damnée*. »

Le célèbre Géber avait imaginé cette doctrine ou, du moins, l'avait révélée aux alchimistes d'Occident ; et depuis l'instant où ceux-ci l'avaient reçue, elle n'avait cessé d'être admise par la plupart des chercheurs ; c'était une sorte de dogme que son imprécision même soustrayait à toute contradiction.

En effet, les cinq éléments invoqués par cette Chimie étaient des corps insaisissables et que personne n'avait jamais vus. Dans tous les métaux, au dire de Géber et de ses disciples, il y a du soufre et du mercure ; mais ce ne sont point les corps visibles et tangibles que le vulgaire désigne par ces mêmes noms ; ce sont des substances d'une incomparable pureté ; c'est le soufre et c'est le mercure *des philosophes* ; nul n'a pu les isoler, sinon, disait-on, quelques rares adeptes de la Spagyrique, de l'Art hermétique, qui en ont suivi les préceptes avec une minutieuse exactitude.

Ces noms d'esprit, de soufre et de mercure recevaient ainsi un sens si trouble et si mystérieux que chacun les pouvait prendre pour signifier les pensées auxquelles tendaient ses préférences ; et les préférences des chimistes variaient souvent au gré de leur imagination ou de leur vague éclectisme.

En 1724, alors que Stahl avait déjà donné ses principaux ouvrages, un auteur anonyme publiait à Paris un *Abrégé de la doctrine de Paracelse et de ses archidoxes* ; pour servir d'éclaircissement à cette doctrine, il la faisait précéder d'une *Explication de la nature des principes de la Chymie* (1) ; après avoir énuméré les cinq principes dont Lemery nous a fait connaître les noms, il ajoutait :

« Remarquez aussi que les chymistes appellent *prin-*

(1) *Abrégé de la doctrine de* PARACELSE, *et de ses archidoxes. Avec une explication de la nature des principes de la Chymie. Pour servir d'éclaircissement aux Traitez de cet Auteur et des autres Philosophes. Suivi d'un Traité Pratique de différentes manières d'opérer, soit par la voye Sèche, soit par la voie Humide.* A Paris, Chez D'Houry fils, rue de la Harpe, devant la rue S. Séverin, au Saint-Esprit. MDCCXXIV.

(2) *Op. laud.*, p. 3.

cipes prochains, ces cinq principes, non seulement parce qu'ils sont visibles, mais parce qu'ils connoissent qu'ils proviennent d'autres principes plus éloignez, c'est-à-dire des quatre qualitez élémentaires, le chaud, le sec, le froid et l'humide. »

Et notre auteur ajoutait tout aussitôt (1) :

« Il faut savoir que les chymistes suivent la doctrine d'Aristote et des anciens Académiciens et de l'école commune, qui tout d'accord ont mis pour principes éloignez les quatre élémens, lesquels l'école avec raison distingue des qualitez élémentaires. »

Nous en voici dûment avertis ; nous entendrons invoquer, pour expliquer la constitution des choses, tantôt les quatre éléments d'Aristote, le feu, l'air, l'eau et la terre, tantôt les cinq principes de Géber ; or tel de ces principes-ci, l'eau ou la terre, porte le même nom que tel de ces éléments-là ; nous pouvons donc nous attendre à de singulières ambiguïtés.

Mais à cette source de confusion, d'autres sources vont venir mêler leurs eaux.

Au XVIIe siècle, Atomistes et Cartésiens s'entendent pour rejeter les qualités premières ou secondes d'Aristote, pour expliquer par les différentes figures et les divers mouvements de très petits corps tous les effets que l'École mettait au compte de ces qualités. Peu soucieux de savoir si leurs suppositions s'accordent bien toutes entre elles, les chimistes ne craindront pas de mêler les principes de Descartes et de Gassendi à ceux d'Aristote. Descartes lui-même ne les a-t-il pas conviés à une entente, lorsqu'au livre des *Principes de Philosophie*, il a, entre ses trois éléments et quelques-unes des

(1) *Op. laud.*, p. 4.

substances ultimes admises par Géber, établit une sorte de rapprochement ? Voici donc que notre auteur, résumant la pensée de maint chimiste, écrit (1), au sujet des qualités premières, « que l'on doit considérer les dites qualitez comme des particules propres à former tel élément à l'exclusion de toutes les autres particules propres à former un autre élément.

» De manière qu'on peut dire que la chaleur est la matière la plus subtile, et la plus mobile et agissante que toutes les autres ; ensuite l'air est un peu moins subtil que la chaleur, mais moins grossier que l'humide, qui est moins subtil que l'air mais moins grossier que la terre, ou pour mieux dire que la sécheresse, qui est la qualité la plus grossière et moins mobile que les autres.

» Et l'on peut, si l'on veut, imaginer des figures que l'on voudra dans ces particules qui composent les qualités, et au lieu de trois sortes d'élémens que les Cartésiens supposent, l'un très subtil, l'autre très grossier, et un autre moyen, on peut mettre quatre degrez différens, étant au fond la même chose. »

Aristote, par ce biais, se voit, chose fort imprévue, mis d'accord avec Descartes et avec Gassendi. Avec Géber, on trouve aussi moyen de l'accommoder ; les Alchimistes associent chacun de leurs principes à quelqu'une des qualités péripatéticiennes ou à quelque combinaison de ces qualités.

« Sous le nom de soufre (2), ils entendent la chaleur ; par le nom de mercure, ils entendent l'humidité ; et par le nom de sel, ils entendent la sécheresse ; mais parce

(1) *Op. laud.*, p. 7.
(2) *Op. laud.*, p. XI.

que, comme nous l'avons indiqué, les qualités élémentaires sont si mélangées par la nature que l'une ne va pas sans l'autre, l'on appelle généralement *soufre* le composé où la chaleur prédomine, on appelle *mercure* la substance où l'humidité fluide est dominante, et on appelle *sel* le mélange des quatre qualités, et dans lequel la sécheresse et l'aridité est dominante. »

On ne se bornait pas, d'ailleurs, à faire correspondre les principes de Géber aux quatre qualités premières de la Scolastique ; on les faisait également correspondre aux éléments d'Aristote, qu'on avait, d'autre part, à l'imitation des Atomistes et des Cartésiens, construits à l'aide de particules diversement figurées et agitées : « Le soufre des Chymistes (1), considéré abstractivement, et comme seul, est formé du mélange des deux qualités plus subtiles et plus mobiles, et par conséquent plus chaudes, auxquelles nous donnerons le nom de *feu* et d'*air ;* c'est-à-dire de leurs particules les plus subtiles, et desquelles proviennent le feu et l'air grossiers et sensibles ; et notez que comme ces deux élémens ou qualités peuvent être mélangés suivant diverses proportions, c'est-à-dire que dans ce mélange il peut y avoir ou plus de feu ou plus d'air, et cela par degrés innombrables,... il s'ensuit qu'il peut y avoir un nombre innombrable de divers soufres, les uns plus ignés, les autres plus aériens, puisque, comme on l'a dit, une particule ou un atome plus de l'un que de l'autre peut faire la différence du mélange, et par conséquent de la nature du soufre qui sera plus ou moins chaud et plus ou moins actif et mobile suivant qu'il sera plus ou moins igné. »

(1) *Op. laud.*, pp. XII-XIII.

Au XVIIe siècle, voire au milieu du XVIIIe siècle, quand une personne étrangère à la Chimie, quand un « honnête homme », qu'il fût du monde ou simplement du peuple, prononçait le mot *soufre*, son imagination lui représentait un corps solide, d'un jaune clair, qu'on peut aisément enflammer, qui brûle en répandant des fumées blanches et une odeur suffocante ; par ce terme, il savait ce qu'il voulait dire. Quand un chimiste entendait le même mot, son esprit se reportait à toutes les considérations que nous venons de transcrire ; pêle-mêle, sa raison évoquait les pensées de chaleur et de sécheresse, de feu et d'air, de particules plus ou moins ténues et de mouvements plus ou moins rapides ; elle rassemblait une foule d'idées confuses et disparates, empruntées à toutes les écoles de Physique et de Philosophie ; vainement, elle tentait de les associer pour former, du soufre, une notion claire et précise ; quand ce chimiste parlait de soufre, il ne se faisait pas entendre et ne s'entendait pas lui-même.

Son intelligence retrouvait un ramassis non moins complexe de pensées incohérentes et d'images troubles lorsqu'elle voulait concevoir le mercure ou le sel. Et c'est en de pareils principes qu'il fallait résoudre tous les corps si l'on en voulait expliquer les propriétés et comprendre les réactions !

Cette résolution des corps en leurs principes, par quelle méthode se devait-elle effectuer ? Assurément par l'expérience ; car les chimistes se piquaient d'être, avant tout, expérimentateurs, de ne rien recevoir qui ne fût enseigné par l'observation ; à les en croire, même, ces hommes qui rêvaient sans cesse du soufre hypothétique et du mercure des philosophes étaient seuls à posséder l'art de consulter l'expérience ; les grands physiciens, les Galilée et les Descartes, les Pascal et les Newton, n'étaient, à leurs yeux, que raisonneurs à vide et bâtisseurs de systèmes. « Les chymistes, disait l'un d'eux (1), ne sont pas de ces philosophes qui, dans leur cabinet, écrivent et débitent ce qui leur passe dans la tête ; leur doctrine est différente de celle des autres, en ce qu'elle est fondée sur des expériences certaines. »

Or cette analyse expérimentale des réactions, comment nos chimistes eussent-ils pu la conduire, alors qu'ils étaient privés de tous les moyens qu'elle requiert ? Pour reconnaître si un corps s'est adjoint quelque substance étrangère ou s'il a perdu quelqu'un de ses composants, il faut recourir à de multiples pesées ; à peine usaient-ils de la balance pour doser les ingrédients qu'ils allaient mêler. Pour discerner sûrement les corps et ne les pas prendre les uns pour les autres, il faut des réactifs ; ils n'avaient presque d'aucune substance fixé les propriétés avec assez d'exactitude pour qu'ils en pussent tirer quelque indication certaine. Vraiment, ces gens-là prétendaient être seuls à savoir marcher, et c'était des culs-de-jatte.

Dénuée de méthode, leur pratique expérimentale se voyait réduite au plus grossier empirisme ; les formes étranges et les noms baroques des appareils dont elle usait, les termes barbares et les signes hiéroglyphiques par lesquels elle désignait les diverses substances, couvraient la vulgarité de ses procédés d'un voile de mystère qui en imposait aux naïfs ; mais les clairvoyants déchiraient ce mince tissu et se riaient de ce qu'ils trouvaient derrière.

Il faut songer à tout cela si l'on veut imaginer le

(1) *Op. laud.*, p. IX.

chaos nuageux qu'était un traité de Chimie au temps où Galilée composait les *Dialoghi*, où Descartes écrivait le *Discours de la méthode*, où Pascal préparait son *Traité du vide*, où Newton publiait les *Philosophiæ naturalis principia mathematica* ; ou plutôt, cela même n'en donnera pas idée à qui n'a point eu la courageuse patience de feuilleter et de parcourir quelqu'un de ces grimoires.

Dans cette confusion et dans ce brouillard, Lemery avec son Cartésianisme, Boyle avec son Atomisme s'étaient efforcés de mettre un peu d'ordre et de clarté ; ils n'y avaient point réussi ; du moins, cette masse informe allait-elle recevoir le ferment d'où naîtrait, un jour, l'organisation ; celui qui l'y devait semer était un contemporain de Lemery et un ami de Boyle ; c'était Jean-Joachim Beccher.

CHAPITRE V

LES THÉORIES CHIMIQUES DE BECCHER

Jean-Joachim Beccher, qui devait avoir pour disciple le créateur de la théorie du phlogistique, naquit à Spire en 1635; il poursuivit à Münich ses principaux travaux; ami de Robert Boyle, à qui il dédia un de ses écrits, il fit plusieurs voyages en Angleterre; c'est à Londres qu'il mourut au cours de l'année 1685.

Si jamais homme parut peu marqué par le destin pour préparer la mise en ordre de la Chimie, ce fut assurément Beccher.

Son extraordinaire activité s'est emparée de tous les sujets à la fois et ses ouvrages ne se comptent pas. Il a écrit des thèses et des discussions, des poëmes et des satires; il a écrit sur la Théologie et sur la Morale; il a écrit sur l'Histoire romaine et sur le Droit commercial; il a écrit sur l'Histoire naturelle et sur la Médecine; il a écrit sur la Philologie, et fort souvent, car il a conçu un projet de langue universelle; nouveau Pic de la Mirandole, il a écrit des *Dubitationes et resolutiones illustres in omni re scibili*. Il a surtout écrit sur la Chimie.

Qu'il faille suivre, en toutes choses, la plus exacte méthode expérimentale, Beccher en est bien convaincu;

lorsque sa *Physique souterraine* sera rééditée par Stahl (1), la préface du disciple nous dira qu'il entend « de l'expérience même, bien connue et bien vue, tirer, mettre en ordre, relier, affermir, démontrer une déduction et connexion rationnelle, une solide théorie. » Et en effet, le maître a déclaré (2) comment, dans l'étude qu'il entreprend, « toute bonne et fructueuse théorie vient de l'expérience pour enfanter une nouvelle expérience. Attachez-vous à ce cercle, poursuivra-t-il ; joignez la théorie à la pratique et la pratique à la théorie... Car toute théorie trouve sa défense dans la pratique et toute pratique la trouve dans la théorie, en sorte que chacune d'elles doit rendre témoignage de l'autre. »

Mais que notre goût de la Logique ne se laisse pas trop leurrer par ces promesses ; il serait promptement

(1) La *Physica subterranea* de Becher a été publiée en 1669, à Francfort-sur-le-Main, par Jean-David Zunner. Nous la citerons d'après l'édition imprimée à Leipzig, par Weidmann, en 1738 ; cette édition, outre les trois suppléments ajoutés postérieurement par Becher, contient la préface de Stahl et le *Specimen Beecherianum* de ce dernier auteur. En voici le titre :

Jo. Joachimi Becheri, *D. Spirensis Germani, Sacr. Cæs. Majest. Consil. et Med. Elect. Bav. Physica subterranea profundam subterraneorum genesin, e principiis hucusque ignotis, ostendens. Opus sine pari, primum hactenus et princeps, Editio novissima. Præfatione utili præmissa, indice locupletissimo adornato, sensuumque et rerum distinctionibus, libro tersius et curatius edendo, operam navavit et Specimen Beccherianum, fundamentorum documentorum, experimentorum, subiunxit* Georg. Ernestus Stahl, *D. Prof. publ. ordin. Hall.* Lipsiæ, ex Officina Weidmanniana, anno MDCCXXXIIX.

(2) Beccheri *Physica subterranea*, Introitus ; éd. cit., p. 2.

déçu ; la lecture de la *Physique souterraine* nous laissera bien rarement percevoir les contours précis d'une démonstration expérimentale conduite avec quelque ordre et quelque rigueur ; presque toujours, elle nous égarera dans le brouillard de chimériques hypothèses.

Van Helmont, que Beccher lisait et citait volontiers, voulait que l'eau fût le principe unique et ultime de tous les composés chimiques ; Beccher, au commencement de son ouvrage, commente le texte biblique : *Deus creavit cœlum et terram ;* il en prend occasion d'affirmer (1) que, dans le monde, tout est formé au moyen de ces deux seuls principes, le ciel et la terre.

Ce qu'il entend par *ciel* ressemble fort à ce que les Cartésiens nommaient matière subtile ; toute dilatation et toute contraction vient du ciel (2) ; sans le ressort que lui communique le ciel, répandu dans ses pores et entre ses particules, l'air ne pourrait se comprimer ni se dilater.

Quant au mot *terre*, la signification, dans la langue de notre auteur, en est singulièrement lâche et flottante ; il devient apte à désigner les quatre éléments de la Physique péripatéticienne, tandis que le *ciel* ou l'*esprit* n'est pas sans analogie avec la cinquième essence dont cette Physique formait les orbes célestes. En 1682, au début de l'*Alphabetum minerale* qu'il dédie à Boyle, le chimiste de Spire s'exprime en ces termes (3) :

(1) Beccher, *Op. laud.*, lib. I, section I, cap. II ; éd. cit., p. 8.

(2) Beccher, *Op. laud.*, lib. I, sect. I, cap. I ; éd. cit., p. 7.

(3) Joh. Joach. Becheri, D. Spirensis Germani Sacræ Cæsar. Majest. Consil. et Med. Elect. Bav. *Opuscula chymica rariora*, Addita nova Præfatione ac Indice locuple-

« Il y a deux sortes de matières, une matière subtile ou *spirituelle* et une matière grossière ou *corporelle* ; de là vient soit l'*esprit*, soit le *corps*.

» Le *feu* est terre raréfiée ; l'*eau* est terre fluide ; l'*air* est terre dilatée.

» Il y a donc *quatre figures* de la terre ; celle-ci peut être terreuse, aqueuse, aérienne ou ignée ; ce sont ces quatre figures qu'on nomme éléments ; elles se peuvent changer et transmuer l'une en l'autre. »

Et notre auteur conclut par cette proposition qu'il imprime en grandes capitales : « Toute créature est terre ; elle peut redevenir terre et être changée en terre. *Omnis creatura terra est, et in terram reverti et converti potest.* »

Cet axiome va dominer toute la Chimie de Becher ; à cet unique élément, la terre, il va s'efforcer de ramener tous les composés.

Mais n'allons pas nous imaginer qu'il lui faudra, pour cela, bouleverser bien profondément ce que, de Géber à Paracelse, les alchimistes avaient enseigné touchant les principes des corps. La révolution qu'il accomplira sera surtout verbale ; elle consistera, du moins en grande

tissimo multisque Figuris æneis illustrata a Friderico Roth-Scholtzio. Siles. Norimbergæ et Altorfii, Apud Hæredes Joh. Dan. Tauberi, Anno MDCCXIX. — III. *Alphabetum minerale, seu viginti quatuòr theses chymicæ de mineralium, metallorum coeterorumque subterraneorum genesi, principiis, differentiis, mixtione et solutione. Cornubiæ in Anglia inter ipsas multifarias mineras earumque examinationes, autopsia et praxi congestæ et demonstratæ juxta principia Philosophica Physicæ subterraneæ* Joh. Joach. Becheri, Truto Anno 1682. Cura Friderici Roth-Scholtzii Siles. Norimbergæ et Altorfii, apud Hæredes Johann. Danielis Tauberi. MDCCXIX. Pp. 104-105.

partie, à donner le nom de terres aux trois principes qu'on nommait auparavant terre damnée, soufre et mercure, et le nom d'eau à ce qu'on appelait sel; moyennant quoi, l'adage sera sauvé; tout sera composé de terre et d'eau, c'est-à-dire, en dernière analyse, de terre, puisque l'eau n'est elle même qu'une forme de cet élément. « En toute mixtion, dira-t-on (1), la terre joue le rôle de mâle et l'eau le rôle de femelle; voilà pourquoi Adam a été créé aux dépens de la terre et Ève aux dépens d'Adam. »

Cette pensée, Beccher l'indiquait déjà dans l'*Œdipus chymicus* qu'il publia en 1664 à Francfort-sur-le-Main; il la reprenait et la développait dans sa *Physique souterraine*; là, il reprochait (2) à la Chimie « de nous en imposer à l'aide d'une multitude de fantômes, au point que les corps les plus simples en apparence ne sont, en réalité, que des mixtes obtenus par une décomposition. Si les chimistes modernes avaient tenu compte de cette remarque, ils eussent reconnu de véritables êtres dans nombre de choses qu'ils avaient déclarées non-êtres, et ils auraient tenu pour non-êtres beaucoup d'objets qu'ils avaient pris pour des êtres. C'est pour cette raison qu'ils ont regardé comme les plus simples des principes ces mixtes, obtenus par décomposition, que sont le sel, le soufre et le mercure, et qu'ils ont considéré la terre et l'eau comme matières inutiles, rejetées, *damnées*, les appelant *caput mortuum* et phlegme; alors que la terre et l'eau se montrent, avec une clarté manifeste, les principes simples de toutes choses, ceux en lesquels

(1) Beccheri *Physica subterranea*, lib. I, sect. III, cap. IV; éd. cit., p. 105.

(2) Beccher, *Op. laud.*, lib. I, sect. III, cap. I; éd. cit., p. 57.

toutes choses se peuvent résoudre, ceux qui constituent les principes uniques de toute génération et de toute mixtion nouvelle.

» De toute façon, donc, si nous ne voulons pas, à Paracelse et à ses disciples, imputer la plus crasse ignorance touchant la théorie des principes, il nous faut conclure qu'on entend, par les trois principes, autre chose que ce que le vulgaire comprend... Il nous faut ajouter ici que par *soufre*, c'est la terre qu'on doit entendre, et que par *sel*, c'est l'eau ; lorsque la terre et l'eau sont en leur plus subtil degré, on les peut nommer mercurielles, car elles sont alors fluides et pénétrantes ; elles ne sont point mercure ; mais comme elles ont, avec le mercure, quelques propriétés communes, elles en empruntent le nom. »

La terre et l'eau sont les premiers éléments de tous les corps ; partant, il y a trois sortes de mixtes (1).

Les premiers contiennent de la terre et de l'eau ; ce sont les composés organiques et bon nombre de composés minéraux, les sels par exemple.

Les seconds résultent de la combinaison de diverses espèces d'eaux ; tels sont la neige, la rosée, la grêle, la glace.

Les troisièmes, enfin, sont des composés de terre et de terre, car il y a plusieurs sortes de terres capables de se combiner entre elles ; ces derniers mixtes sont les pierres et les métaux.

Chaque pierre, chaque métal est obtenu par la combinaison de trois terres différentes. Cette proposition est la thèse essentielle de Beccher, celle qu'il ne cessera

(1) Becchen, *Op. laud.*, lib. I, sect. I, cap. IV ; édit. cit., p. 20.

de soutenir et d'étendre au cours de la *Physique souterraine* et de ses autres ouvrages : « C'est là, dit-il (1), notre opinion particulière, affermie sur l'expérience ; les pierres et les métaux sont constitués par trois terres. »

Ces trois terres ne sont pas les mêmes pour tous les minéraux. Toutes les pierres ont deux terres en commun, mais elles se distinguent les unes des autres par une troisième terre ; c'est pourquoi les unes sont diaphanes et les autres opaques. De même, « deux terres (2) sont communes aux diverses pierres et aux métaux, mais ces corps diffèrent les uns des autres par une troisième terre ; celle-ci confère le caractère métallique et rend malléable ; voilà pourquoi les métaux sont malléables pendant que les pierres sont friables. »

« Car il y a trois sortes de terres (3) qui se rencontrent dans les pierres et dans les métaux. De ces terres, la première se rencontre, exempte de tout mélange, dans les pierres et le sel alkali ; la seconde, dans le nitre ; la troisième dans le sel commun. Lorsque ces trois terres sont mélangées sans aucune addition, elles constituent le métal véritable et authentique ».

La première de ces trois terres donne (4) un aspect diaphane et la propriété de couler ; c'est à elle que le sable et le silex doivent d'être fusibles au feu et de couler sous forme de verre.

(1) Beccher, *Op. laud.*, lib. I, sect. III, cap. I ; édit. cit., p. 60.

(2) Beccher, *Op laud.*, lib. I, sect. I, cap. IV ; édit. cit., p. 20.

(3) Beccher, *Op. laud.*, lib. I, sect. III, cap. I ; éd. cit., p. 60.

(4) Beccher, *Op. laud.*, lib. I, sect. III, cap. II ; éd. cit., pp. 61-62.

Plus humide que cette première terre vitrifiable, la seconde terre (1) peut être appelée grasse; par ce caractère, elle ressemble au soufre ; mais elle en diffère parce que le soufre, que Paracelse prenait pour un élément, est en réalité un mixte formé par la combinaison de notre seconde terre avec un sel acide; notre seconde terre, au contraire, est pure, exempte de toute mixtion, dépourvue de tout caractère salé.

Elle ne brûle pas comme le soufre. « Si le soufre commun est consumé par la flamme, il ne le doit pas à cette terre, mais à la nature de l'eau et du sel qui s'y trouvent mêlés... Cette terre est incombustible... Qu'elle soit grasse et supporte le feu, nous n'en devons pas douter. »

Dans les combinaisons des deux terres dont nous venons de parler, « la première joue le rôle de corps et la seconde le rôle d'âme. »

Une telle combinaison « est une terre onctueuse (2), déjà disposée à la très prochaine génération des métaux ; les mineurs la nomment *Bergghur*, soit, pour ainsi dire, ferment des métaux ».

En effet, c'est à cette combinaison binaire qu'une troisième terre va maintenant s'unir pour la transformer en métal.

« Qu'un troisième principe existe (3), qu'il s'entremêle aux deux premiers, les amenant ainsi à leur forme spécifique, ce n'est pas seulement probable, c'est très certain...

(1) Beccher, *Op. laud*, lib. I, sect. III, cap. III; éd. cit., p. 70.
(2) Beccher, *loc. cit.*, p. 73.
(3) Beccher, *Op. laud.*, lib. I, sect. III, cap. IV; éd. cit., p. 76.

» Les pierres et, en particulier, les pierres diaphanes, sont principalement constituées par les deux premières terres; mais, surtout dans les pierres opaques, une troisième terre s'y trouve mêlée, d'où provient, pour ces corps, leur idée spécifique, celle qui les fait pierres.

» Qu'il y ait, dans les métaux, une telle troisième terre, on ne saurait le nier; mais elle diffère de la précédente, car l'essence des métaux diffère de la substance des pierres; les métaux sont d'une nature malléable et extensible, et c'est en cela que consiste le caractère métallique; cette propriété spécifique provient d'un troisième principe. »

Cette troisième terre est fluide, pénétrante, volatile comme le mercure; elle entre pour une grande part dans la composition de ce mixte qu'on appelle vulgairement mercure, en sorte qu'on lui peut donner ce même nom de mercure.

Cette doctrine s'oppose à celle que les alchimistes avaient professée jusqu'alors sur la constitution des métaux; elle ne veut point du tout que ces métaux soient formés de sel, de soufre et de mercure; elle assure qu'ils sont composés par l'union des trois terres dont la description vient d'être donnée. Mais avec l'ancienne doctrine, elle se prête à un accord verbal. On peut dire (1), en effet, que « le sel, pris comme principe des choses, c'est la pierre du verre et de la chaux..... ; il se trouve aussi dans l'alcali,... car l'alcali se définit une chaux dissoute dans l'eau..,.

» Le soufre, si on en fait un principe, c'est la terre qui est propre au soufre, à toute espèce de graisse, à

(1) Beccher, *Op. laud.*, lib. I, sect. VI, cap. VIII; éd. cit., pp. 271-272.

toute matière déflagrante, et encore à l'esprit de nitre...

» Le mercure, si on le prend pour un principe, c'est la terre mercuriflante du sel commun...

» Le mercure des philosophes, donc, c'est cette terre mercuriflante qui se cache dans le sel... Le soufre des philosophes, c'est la seconde terre, grasse, très pure, incombustible, partout présente, et qu'à peu d'hommes il est donné de connaître. »

Ces définitions autorisent Beccher à faire usage des dénominations dont les chimistes se servaient avant lui, tout en les entendant dans un sens nouveau ; la complexité et l'indécision des idées que ces termes avaient été chargés d'exprimer s'en trouvent accrues d'autant, au grand désappointement de celui qui, dans la *Physica subterranea*, chercherait ordre et clarté.

C'est au sein de cette inextricable confusion que devait être semé le germe de la doctrine du phlogistique ; mais, en dépit de la commune renommée, Beccher n'est pas celui qui a jeté cette semence en terre ; à son disciple Stahl, il a laissé tout le soin d'accomplir cette œuvre ; combien il était encore loin d'en concevoir la moindre idée, nous l'allons prouver.

La *Physica subterranea* avait été imprimée en 1669 ; deux ans plus tard, paraissait un petit livre intitulé : *Experimentum chymicum novum* (1).

(1) Joh. Joachimi Becheri, *Spirensis Med. Doct. Sacr. Cæs. Maj. Consiliarii. Experimentum Chymicum Novum, Quo Artificialis et instantanea Metallorum Generatio et Transmutatio ad oculum demonstratur. Loco Supplementi in Physicam suam subterraneam et Responsi ad D. Rolfincii Schedas de non Entitate Mercurii corporum. Opusculum multis experimentis practicis, necnon præcipuis Philosophorum dictis explicatis refertum. Lectori Philo-*

De ce petit livre, l'expérience suivante avait été l'occasion.

Beccher avait pris (1) « de l'argile commune, de celle dont on cuit les briques et fabrique les fours » ; il y avait incorporé de l'huile de lin, puis, de cette sorte de mastic, il avait formé des boulettes ; ces boulettes il les avait, dans une cornue, fortement chauffées pendant une heure ou deux ; il les avait alors broyées et lavées, et ce lavage lui avait permis de recueillir un dépôt dans lequel, dit-il, « toutes les épreuves auxquelles je l'ai soumis m'ont permis de reconnaître d'excellent fer. J'avais ainsi découvert la fin de ma spéculation, ou plutôt le principe d'une multitude infinie de spéculations. »

Nous ne sommes guère embarrassés pour expliquer cette expérience; le feu avait carbonisé l'huile de lin : le charbon obtenu de la sorte, s'emparant de l'oxygène, avait réduit l'oxyde de fer qui se trouvait mêlé à l'argile.

Beccher, et pour cause, ne nous donne point cette explication. Écoutons en quels termes il procède « à l'examen physique de cette expérience et en assigne les causes physiques. »

Le fer qu'on recueille ainsi provient, dit-il, ou de l'argile seule ou de l'huile seule ou de la réunion de ces deux corps.

Or il constate que l'aimant n'attire ni l'argile ni le charbon fourni par l'huile de lin ; il en conclut que ni

chymico non ingratum futurum. Francofurti. Sumptibus Joh. Davidis Zunneri. Typis Heinrici Frisii. MDCLXXI.

(1) Beccher, *Op. laud.*, cap. II, pp. 36-37 ; *Phys. subterr.*, éd. cit, p. 294.

(2) Beccher, *Op. laud*, cap. III, pp. 43-44 ; *Phys. subterr.* éd. cit., pp. 295-298.

l'un ni l'autre de ces deux corps ne contient le fer tout formé.

Le fer doit, dès lors, provenir à la fois de l'un et de l'autre. Mais, pour composer du fer, il faut du soufre et du mercure. « Je poursuis et je demande quel est le sujet où se cache le soufre, quel est celui où se trouve, à l'état latent, le mercure martial? S'ils se trouvaient, tous deux à la fois, dans chacune des deux substances, l'argile seule serait attirable à l'aimant, et il en serait de même de l'huile de lin seule ; or cela n'est point ; il faut que se cachent, d'un côté, le soufre et, de l'autre, le mercure, capables, par leur conjonction, de produire le métal attirable à l'aimant. Je dis donc que c'est dans l'huile de lin que le mercure est latent, et dans l'argile que se cache le soufre martial. Ce que je dis là, c'est quelque chose d'étonnant, de grand, qu'on n'a point, je crois, entendu jusqu'ici, qu'aucun philosophe n'a enseigné; savoir, que du mercure est à l'état latent dans l'huile de lin. »

Le mercure dont il s'agit, d'ailleurs, ce n'est pas le mercure commun ; c'est le mercure des philosophes, cette terre qui confère aux métaux leur caractère spécifique et qui les rend malléables.

« Ainsi (1), passant d'une expérience à l'autre, je suis arrivé graduellement jusqu'au point où j'ai été pressé et forcé de conclure, à ma propre stupeur, qu'un être métallique mercuriel se trouve répandu dans tous les corps sulfureux de ce monde et, très librement, au sein même de l'air. »

En revanche, l'argile contient non seulement le soufre,

(1) Beccher, *Op. laud.*, cap. III, p. 47 ; *Phys. subterr.*, éd. cit., p. 299.

mais encore ce subtil élément terrestre qui, se conjoignant au soufre et au mercure, donne le mixte que nous nommons un métal. « Autant (1) il y a d'essence de mercure dans l'huile, et, dans l'argile, de l'essence du soufre et du principe terrestre subtil, autant, dans cette genèse, il se forme de métal. »

En 1680, à titre de troisième supplément à sa *Physique souterraine*, Becher publiait à Francfort son *Experimentum novum ac curiosum de minera arenaria perpetua;* il y reprenait les conclusions auxquelles l'avait conduit son expérience de 1671.

« J'ai montré, disait-il (2), que toute argile, tout sable, toute graisse animale, végétale ou minérale contient ces principes minéraux, désignés par les noms de sel, de soufre et de mercure, dont la mixtion constitue les métaux parfaits. »

Les métaux se rencontrent en germe dans la pierre ou dans l'argile ; la nature ou l'art les peut réduire de nouveau en pierre ou en argile. L'argile se forme aux dépens de l'eau, et la pierre n'est qu'une argile durcie. L'addition d'un nouvel élément amène la pierre ou l'argile à l'état de métaux parfaits ; ce principe de métallisation, c'est ce que notre auteur a nommé troisième terre ou mercure des philosophes ; c'est ce que l'huile de lin a donné à l'argile pour que le fer y fût engendré.

Ces pensées, Stahl et ses successeurs les préciseront de la manière suivante :

L'argile contient ce que nous appelons aujourd'hui

(1) Becher, *Op. laud.*, p. 48 ; *Phys. subterr.*, éd. cit., pp. 299-300.

(2) Becher, *Experimentum novum ac curiosum*, cap. VI ; *Phys. subterr.*, éd. cit., p. 424.

un oxyde de fer, ce qu'alors on nommait une chaux de fer.

Le métal résulte de la combinaison de sa chaux avec le principe métallique ; ce principe, c'est le charbon de l'huile de lin qui l'apporte.

Une telle interprétation s'accorde sans trop de peine avec maint propos de Beccher ; mais dans l'œuvre de ce chimiste ou, du moins, dans ce que nous en avons pu connaître, nous n'avons rencontré aucun texte qui l'autorisât formellement. Il est douteux que le maître de Stahl regardât une chaux métallique comme uniquement composée des deux premières terres, et comme propre à donner le métal par simple addition de la troisième terre ; en d'autres termes, il est douteux qu'il prît la formation de la chaux aux dépens du métal pour une décomposition où le métal abandonnerait le principe de sa malléabilité. Une telle pensée se fût difficilement accordée avec l'augmentation de poids que les métaux éprouvent lorsqu'on les calcine ; or, cette augmentation de poids, Beccher la connaissait fort bien ; ami de Boyle, il n'eût pu l'ignorer ; il l'expliquait comme Boyle l'avait fait ; « le feu, disait-il (1), s'incorpore de lui-même à la substance qu'il cuit et calcine ; nos yeux le constatent dans la calcination de l'antimoine au foyer d'un miroir ardent ; en éprouvant la calcination, le corps augmente de poids, bien qu'en même temps, de la masse fumante, le feu chasse une grande quantité de parties humides et volatiles. »

Lorsque Stahl, si respectueux des droits de son maître, revendiquera comme sienne la théorie de la calci-

(1) Beccheri *Physica subterranea*, lib. I, sect. IV, cap. V ; éd. cit., p. 120.

nation et de la réduction dont nous venons d'indiquer le principe, certainement, il ne portera point tort à Becher.

Mais revenons à la troisième terre, au principe métallifique que le chimiste de Spire avait imaginé.

Ce principe mercuriel, c'est dans tous les corps « soufrés », c'est-à-dire dans tous les corps gras et onctueux, telle l'huile de lin, qu'il en affirme l'existence. « Toute graisse, qu'elle soit animale, végétale ou minérale, dit-il dans son *Alphabetum minerale*, est sulfureuse, arsenicale et mercurielle. » Il déclare tout aussitôt, d'ailleurs, que le soufre commun est formé par la réunion de deux soufres, l'un mâle et l'autre femelle ; le soufre mâle est rouge et combustible ; le soufre femelle est blanc et non inflammable ; le fondement du soufre rouge se trouve dans le nitre et le fondement du soufre blanc dans le sel ; autant dire que le soufre rouge, c'est sa seconde terre, qu'il avait toujours, en effet, rapprochée du soufre, tandis que le soufre blanc, c'est sa troisième terre, qu'il avait appelée mercure des philosophes ; aussi donne-t-il au soufre mâle le nom de soufre mercuriel, et au soufre femelle, le nom de mercure sulfureux.

Vraiment, nous ne savons plus comment il faut nommer le principe qui confère le caractère métallique ; nous nous demandons s'il le faut appeler terre, soufre ou mercure ; la langue de Becher se plaît, semble-t-il, à engendrer l'ambiguïté et la confusion. Cet embarras prendra fin lorsqu'on désignera ce corps par un terme nouveau, celui de *phlogistos* ou de *phlogistique ;* mais ce terme, Becher ne l'emploie pas, du moins dans un

(1) Beccheri *Alphabetum minerale*, XI, 21 ; éd. cit., p. 118.

tel sens ; il en use pour distinguer le soufre commun, qui est inflammable, du soufre blanc incombustible qu'il a imaginé ; le premier de ces soufres, l'*Alphabetum minerale* l'appelle : « *sulphur commune phlogiston sive adustibile* » ; or c'est le second, le soufre blanc, le soufre femelle, le soufre incombustible, le soufre également appelé mercure, qui s'unit aux deux premières terres pour parfaire les métaux ; le principe métallifique est, au gré de Beccher, essentiellement incapable de brûler ; on ne saurait donc lui attribuer l'épithète de *phlogistos*.

Celui qui, précisant la définition de ce principe, l'allait nommer *phlogistos*, c'est Georges-Ernest Stahl.

CHAPITRE VI

GEORGES ERNEST STAHL ET LA THÉORIE DU PHLOGISTIQUE

En 1757, Macquer et Baumé publiaient, à Paris, le *Plan d'un cours de Chymie expérimentale et raisonnée* (1) ; ils le faisaient précéder d'un *Discours historique sur la Chymie.*

« Ce fut seulement, disaient les auteurs de ce discours (2), vers le milieu du XVIIe siècle, que l'on commença d'élever l'édifice d'une Chimie digne du nom de Science. » De cette œuvre, les initiateurs furent, à leur avis, Jacques Barner, médecin du Roi de Pologne, et Bohnius, professeur à Leipzig. « Mais la réputation de ces Chymistes Physiciens a été presque éclipsée par celle que le fameux Beccher, premier Médecin des Électeurs de Mayence et de Bavière, se fit quelque temps après dans le même genre. Cet homme, dont le génie égaloit le sçavoir, semble avoir aperçu d'un même coup d'œil la multitude immense des phénomènes chymiques ;

(1) *Plan d'un Cours de Chymie expérimentale et raisonnée, avec un Discours historique sur la Chymie.* Par M. MACQUER, Docteur Régent de la Faculté de Médecine en l'Université de Paris, de l'Académie des Sciences, etc. Et M. BAUMÉ, Maître Apothicaire de Paris. A Paris, Chez Jean-Thomas Hérissant. MDCCLVII.

(2) MACQUER et BAUMÉ, *Op. laud.*, pp. LII-LVI.

aussi les méditations qu'il fit sur ces importans objets lui découvrirent-elles la théorie la meilleure et la plus satisfaisante qu'on eût trouvé jusqu'alors. Elle lui mérita l'honneur d'avoir pour partisan et pour commentateur le plus grand et le plus sublime de tous les Chymistes Physiciens.

» On doit reconnaître à ces titres glorieux et si bien mérités l'illustre Stahl, premier Médecin du feu Roi de Prusse. Né, de même que Beccher, avec une sorte de passion pour la Chymie, qui se déclara dès sa première jeunesse, il étoit doué d'un génie encore supérieur à celui de Beccher. Son imagination aussi vive, aussi active, aussi brillante que celle de son prédécesseur, avoit de plus l'avantage inestimable d'être réglée par cette sagesse et ce sang-froid philosophiques, qui sont les plus sûrs préservatifs contre l'enthousiasme et les illusions. La théorie de Beccher, qu'il a adoptée presque en entier, est devenue, dans ses écrits, la plus lumineuse et la plus conforme de toutes avec les phénomènes de la Chymie. »

Aujourd'hui, lorsque sous le latin barbare entremêlé de mots allemands, lorsque sous les signes cabalistiques, nous nous efforçons de saisir et de suivre la pensée de Stahl, nous avons grand peine à comprendre les sentiments d'admiration qu'un Macquer, qu'un Baumé éprouvaient en lisant cet auteur ; la Chimie de ce temps est si loin de la nôtre que nous sommes tentés de traiter avec le même dédain tous les livres qui l'exposent, sans aucun souçi d'expliquer les préférences des contemporains ; seule, une minutieuse comparaison des écrits de Stahl avec ceux de ses prédécesseurs, voire avec ceux de Beccher, nous laissera reconnaître à quel point cet auteur, qui nous paraît si confus, si obscur, si entiché d'hypothèses chimériques, se montrait, cependant, plus ordonné, plus clair, plus soigneusement attaché aux enseignements de l'expérience que ceux dont il avait reçu les leçons.

Georges-Ernest Stahl naquit en 1660 à Anspach ; il devint, en 1687, médecin du duc de Saxe-Weimar, en 1694, professeur de médecine à Halle et, en 1716, médecin du roi de Prusse ; il mourut à Berlin en 1734. Une bonne part de sa renommée lui vint de sa doctrine physiologique, de l'*Animisme* dont il fut sinon le créateur, du moins le rénovateur ; mais c'est seulement comme chimiste qu'il a, pour le moment, droit à notre attention.

Comme le rappelaient Macquer et Baumé, le goût de la Chimie s'était, de bonne heure, développé dans l'intelligence de Stahl. « Je n'avais encore que quinze ans, dit celui-ci dans son *Traité des sels* (1), lorsque je lus les ouvrages de ces deux grands hommes ; je veux parler de la *Physique souterraine* de Beccher, et des *Observations chymiques* de Kunckel, publiées en 1674. Je me procurai ensuite les leçons de Chymie que le docteur Jacob Barner donnait à Padoue. Elles me firent tant de plaisir que je les appris presque par cœur. En conséquence, je me mis à faire des expériences et des recherches par moi-même. Par là, je me trouvai en état d'entendre les écrits de ces hommes célèbres, et je fis des réflexions qui m'ont fait découvrir des vérités utiles, et

(1) *Traité des sels, Dans lequel on démontre qu'ils sont composés d'une terre subtile, intimement combinée avec de l'eau ; par* George-Ernest Stahl : *Traduit de l'Allemand.* A Paris, chez Vincent, Imprimeur-Libraire ; rue S. Severin. MDCCLXXI. Pp. 4-5.

qui m'ont paru propres à jeter du jour sur les matières qu'ils ont traitées. »

En 1723, on publiait à Nüremberg la première édition des *Fundamenta Chymiæ dogmaticæ et experimentalis* de Georges Ernest Stahl (1); le titre même de cet ouvrage le donnait pour une reproduction de leçons anciennes; ces fondements de Chimie avaient été « *in privatos auditorum usus olim posita* ». Dans ces leçons, nous saisissons la pensée de Stahl au moment où elle ne fait encore que refléter celle de Becher.

Comme le maître, le disciple, en ses *Fundamenta Chymiæ*, enseigne encore l'existence de trois terres. « En se conjoignant (2), ces trois terres forment un métal; ce métal ne peut être que de deux sortes, or ou argent; dans celui-là, il y a plus grande proportion de la seconde terre et de la troisième; dans celui-ci, la première terre et la seconde dominent. Les autres métaux ne sont pas seulement des mixtes; ce sont des corps composés, des terres composées; dans leur substance, ils admettent du soufre commun combustible et

(1) D. D. Georgii Ernesti Stahlii. *Consil. Aulici et Archiatri Regii, Fundamenta Chymiae Dogmaticae et Experimentalis, et quidem tum communioris physicae mechanicae pharmaceuticae ac medicae tum sublimioris sic dictae hermeticae atque alchymicae, olim in privatos auditorum usus posita, jam vero indultu autoris publicae luci exposita. Annexus est ad coronidis confirmationem tractatus* Isaaci Hollandi *de salibus et oleis metallorum*. Editio Secunda, emendatior et auctior. Pars I. Norimbergæ, impensis B. Guolfg. Maur Endteri Consortii, et Vid. B. Iul. Arnold. Engelbrechti. MDCCXLVI (Pars II, MDCCXLVI, pars III, MDCCXLVII).

(2) Stahlii *Fundamenta Chymiæ*, pars generalis, membrum I, art. II; éd. cit., pars I, pp. 9-10.

des sels ». Le fer, par exemple, est formé d'une terre sablonneuse et de soufre commun, capable de brûler.

A ce soufre combustible, identique au soufre ordinaire, qui abonde dans les métaux autres que l'or et l'argent, Stahl, comme son maître, donne (1) le nom de *sulphur phlogiston* (φλογιστόν). Dans les corps qui ne sont pas des composés, qui sont seulement des mixtes, comme les pierres des joailliers et les métaux précieux, on ne trouve pas (2) ce soufre commun capable de brûler; il s'y rencontre seulement une matière qui leur confère leur coloration; par décomposition et mélange avec d'autres substances, cette matière se peut transformer en soufre commun et combustible, en *sulphur phlogiston*.

Ce soufre combustible se trouve aussi dans le charbon (3); sa présence explique comment le nitrate de fer, que le feu seul ne saurait réduire, est aussitôt réduit si l'on ajoute un charbon : « Le soufre combustible, le *sulphur phlogiston* du charbon, étant fort ténu, se peut combiner d'une manière plus intime aux particules de nitre qui concourent à la formation de cet alcali; il s'y conjoint d'une manière actuelle, et il sépare et précipite, sous forme de lingot, la substance métallique qui leur était précédemment mélangée ».

Nous sommes encore bien loin de la théorie de la réduction que Stahl développera et du rôle qu'il y fera jouer au phlogistique du charbon; après la réduction

(1) Stahl, *Op. laud.*, pars specialis, sectio I, membrum I, art. III; éd. cit., pars I, p. 88.

(2) Stahl, *Op. laud.*, pars specialis, sectio I, membrum II; éd. cit., pars I, p. 94.

(3) Stahl, *Op. laud.*, pars specialis, sect. I, membrum I, art. III, § 43; éd. cit., pars I, p. 90.

du nitrate de fer, ce n'est plus dans le nitre, c'est dans le métal qu'il prétendra retrouver ce phlogistique.

Il va nous conter lui-même, au *Traité des sels* (1), comment il fut conduit à concevoir cette doctrine dont la fortune devait être si grande :

« La réduction du régule [d'antimoine], ainsi que de la litharge et du verre de plomb, me donna lieu de faire une observation que je n'ai point encore trouvée dans aucun ouvrage ; c'est que lorsqu'il vient par hazard à tomber du charbon dans un creuset où l'on fait du verre d'antimoine, ou du verre de plomb, le régule, ou le plomb, se montrent sur le champ. Comme la même chose m'étoit arrivée plusieurs fois avec le même succès, je fis cette expérience à dessein ; et, voyant que le succès étoit toujours le même, et que j'obtenois toujours, en opérant avec soin, la même quantité de régule, ou de plomb, que j'avais employée à faire le verre, je crus que ce phénomène méritoit d'être considéré plus attentivement que les chymistes n'ont fait jusqu'à présent. La docimasie, ou les essais en petit, me fournirent l'occasion de faire mes expériences. Après avoir grillé la mine, on la fait fondre avec ce qu'on appelle le *flux noir*. Dans cette opération, la partie charbonneuse du tartre réduit les mines qui ont été calcinées et mises dans l'état de cendre, et leur rend la partie inflammable qu'elles avoient perdue par la calcination. Je trouvai que c'étoit là la base de toutes les opérations de la métallurgie ; et je fus surpris qu'aucun chymiste, sans en excepter Beccher et Kunckel, n'eussent fait aucune remarque sur cette opération. »

La réduction par laquelle la chaux d'un métal reprend

(1) Stahl, *Traité des sels*, pp. 13-14.

l'état métallique n'est pas, cependant, l'opération chimique qui a fourni, à la doctrine du phlogistique, l'occasion de s'affirmer pour la première fois ; cette occasion lui fut donnée par la préparation du soufre à partir de l'acide sulfurique.

Dans un ouvrage publié au début de l'année 1697, Stahl annonçait (1) « une expérience propre à produire artificiellement du soufre véritable, et cela par une manipulation très prompte et très simple. ***Experimentum verum sulphur, arte, et quidem promptissima et simplicissima enchirisi, producendi.*** »

Le procédé était le suivant :

On mélangeait, avec de l'huile de vitriol (2), du charbon pulvérisé et, en outre, soit du tartre alcalin (3), soit du nitre (4) ; on chauffait ce magma, dans un creuset, pendant un quart d'heure ; on trouvait dans le creuset un corps rouge, alors appelé *foie de soufre* et, aujourd'hui, sulfure de potassium ; attaqué par un acide dilué qui s'emparait du potassium, le foie de soufre laissait un dépôt de soufre.

Sur ces entrefaites, Stahl conçut un projet où se reconnaît l'inventeur incapable de contenir les idées neuves qui bouillonnaient en son esprit ; il fonda une Académie dont il devait être le seul membre et qui s'engageait à produire, chaque mois, un mémoire de Chimie. Le premier mémoire (5) parut au mois de juillet 1697 ; la

(1) Georgii Ernesti Stahlii *Zymotechnia fundamentalis seu fermentationum theoria generalis*, Halle, 1697, pp. 142 sqq.

(2) Acide sulfurique.

(3) Tartrate de potassium.

(4) Nitrate de potassium.

(5) *Observationum chymico-physico-medicarum curio-*

production artificielle du soufre en était l'objet.

Avec une sagacité où se marque le chimiste de race, Stahl sait mettre à part, dans cette préparation, tout ce qui est accessoire, tout ce qui est intermédiaire, pour s'attacher uniquement à l'essentiel, à l'action du charbon sur l'acide sulfurique.

La Chimie de Lavoisier, elle aussi, verra, dans cette préparation, une action du charbon sur l'acide sulfurique; elle l'interprétera de la façon suivante: L'acide sulfurique est composé de soufre et d'oxygène; le charbon, prenant l'oxygène, met le soufre en liberté: c'est donc par une *décomposition* que le soufre s'extrait de l'acide sulfurique.

Il en est au contraire pour Stahl.

Le soufre est formé par la *combinaison* de l'huile de vitriol avec la substance combustible par excellence, avec ce qu'il désigne désormais par le mot grec *phlogis-*

sarum, mensibus singulis, Bono cum Deo, continuandarum, Mensis, Nativitate Principis Potentissimi, et Inauguratione Academiæ solennis, Julius, Anni MDCXCVII. sistens Experimentum novum verum Sulphur arte producendi. Illustratum et demonstratum.

Ce mémoire et ceux qui lui firent suite sont réimprimés dans: GEORGII ERNESTI STAHLII *Opusculum chymico-physico-medicum, seu Schediasmatum a pluribus annis variis occasionibus in publicum emissorum nunc quadantenus etiam auctorum et deficientibus passim exemplaribus in unum volumen jam collectorum, fasciculus publicæ luci redditus, præmissa Præfationis loco Authoris Epistola Ad Tit. D N. Michaelem Alberti D. et Prof. Publ. Extraordinarium. Illam Editionem hanc adcurantem.* Halæ Magdeburgicæ Typis et Impensis Orphanotrophei. Anno MDCCXL.

C'est d'après cette réimpression que nous citerons les mémoires dont il s'agit.

ton (τὸ φλογιστὸν) ; l'opération par laquelle le soufre, en brûlant, redonne de l'huile de vitriol (1), est une *décomposition* du soufre en acide et en *phlogiston*. « Nous allons démontrer, dit-il (2), d'une manière claire et pressante que : Premièrement, ce soufre naît de l'acide et du *phlogiston* ; deuxièmement, que c'est du soufre véritable ; et, troisièmement, qu'il se peut décomposer de nouveau en acide et *phlogiston*. — *Monstrabimus presse et luculenter, quod hoc sulphur, et (1) ex acido atque* φλογιστῷ *nascatur ; et (2) verum sulphur sit ; et (3) in acidum et* φλογιστὸν *iterum dissolvatur.* »

D'où vient donc ce *phlogiston* ? Du charbon. Lorsqu'au mélange d'huile de vitriol et de tartre alcalin, « on ajoute des charbons (3), l'acide et le *phlogiston* se conjoignent aussitôt et s'en vont en soufre. »

En effet, « le *phlogiston* existe dans le charbon (4) ; il y est solidement uni à une partie terreuse subtile ; sans le secours d'une incandescence actuelle, il ne la saurait quitter pour se transporter dans une autre combinaison. » C'est pourquoi la haute température du fourneau est nécessaire afin que le *phlogiston*, délaissant la partie terreuse du charbon, qui sera la cendre, se porte sur l'acide vitriolique et donne le soufre.

« L'acide vitriolique (5) et la substance phlogistique qui provient des charbons sont donc proprement tout ce qui forme et constitue notre soufre ; si j'y ai ajouté du nitre ou un alcali quelconque, c'est seulement à titre

(1) L'eau et les autres intermédiaires de cette réaction, n'entrent pas, pour Stahl, en ligne de compte.
(2) Stahl, *Op. laud.*, cap. V ; éd. cit., p. 322.
(3) Stahl, *Op. laud.*, cap. IV ; éd. cit., p. 320.
(4) Stahl, *Op. laud.*, cap. III ; éd. cit., p. 315.
(5) Stahl, *Op. laud.*, cap. II ; éd. cit., p. 314.

d'adjuvant étranger, destiné à rendre l'opération plus facile. »

Le charbon, d'ailleurs, n'est pas la seule substance qui soit capable de fournir à l'huile de vitriol le *phlogiston* dont elle a besoin pour se transformer en soufre; au charbon, on peut substituer une multitude de produits fournis par les végétaux ou même par les animaux. « Cette expérience, dit Stahl (1), se peut mener à bien, et avec la même facilité, au moyen de n'importe quelle huile très ténue, de celles qu'on nomme éthérées; telles sont les essences de térébenthine, d'anis, de genièvre, et une foule d'autres de tous genres; on la peut également répéter avec le camphre, avec toutes les graisses animales, soit qu'on les emploie telles quelles, soit qu'on les ait réduites en huiles par la distillation. »

La raison en est claire; toutes ces substances organiques sont simplement, au gré de Stahl, formées d'eau et de *phlogiston*.

« Toute substance grasse (2) très ténue et très limpide, toute huile très pure est un mixte formé d'eau et de ce principe *phlogiston*; celui-ci ne forme qu'une partie de ces corps, bien que c'en soit assurément la partie spécifique, celle par laquelle ils sont ce qu'ils sont.

» Et voici une remarque qui mérite attention : Par lui-même et pris à l'état de pureté, ce principe *phlogiston* ne présente ni l'agrégation fluide ni l'agrégation solide; il est, bien plutôt, disposé à se répandre sous forme d'air; mais lorsqu'on lui offre l'occasion d'entrer en combinaison, il s'unit fort aisément aux substances

(1) Stahl, *Op. laud.*, prooemium; éd. cit., p. 303.
(2) Stahl, *Op. laud.*, cap. I; éd. cit., p. 310.

qui prennent l'état solide, et beaucoup plus difficilement avec l'eau. »

Les substances d'origine organique sont donc, comme le charbon, d'abondantes réserves de *phlogiston*.

Il ne faut pas s'imaginer, en effet, que les substances organiques soient formés d'autres principes que les corps minéraux, et qu'elles dépendent d'une Chimie différente.

« Que, dans les trois règnes (1) minéral, végétal et animal, les principes des mixtions soient de genres tout différents; que, partant, rien ne puisse passer d'une mixtion appartenant à un règne à une mixtion d'un autre règne, sans je ne sais quelle transformation de forme spécifique, quelle impression d'une idée nouvelle, quel changement de figure essentielle; tout cela, ce sont termes différents par lesquels les dupeurs des diverses écoles expriment une même pensée; et tout cela, c'est une opinion qui ne repose en réalité sur rien. — *Opinio nempe mera, in re nihil fundata est, quasi principia mixtionum in tribus illis regnis, minerali, vegetabili et animali, toto genere differrent; adeoque nihil alterius in alteram transumi possit sine nescio qua specificæ formæ transformatione, novæ ideæ impressione, essentialis figuræ mutatione, et quibus aliis voculis differentibus idem inferunt diversarum opinionum captatores.* »

Elle est d'une singulière clairvoyance, cette affirmation : Il n'y a pas trois chimies distinctes qui seraient la chimie minérale, la chimie végétale et la chimie animale, mais bien une Chimie unique; et cette clairvoyance ne se marque peut-être pas moins lorsqu'elle désigne le

(1) Stahl, *Op. laud.*, cap. VII, p. 329.

charbon comme le corps dont se rapprochent, par leurs propriétés, tous les composés organiques.

Les échanges chimiques sont donc possibles entre les mixtes végétaux ou animaux et les mixtes minéraux ; c'est pourquoi le charbon et nombre de substances organiques ont pu céder leur *phlogiston* à l'huile de vitriol pour engendrer le soufre ; c'est pourquoi ces corps pourront rendre le même principe aux chaux métalliques afin de régénérer les métaux.

C'est, en effet, par la théorie de la réduction des chaux métalliques que Stahl va terminer son mémoire sur la préparation du soufre.

Au chapitre qui expose cette théorie, dont il connaît l'importance, il donne ce titre : *Phlogisti mixtio mineralis solennis*. Citons-en ce passage essentiel (1) :

Un principe engagé dans un mixte organique peut passer de là dans une combinaison minérale. « De cette conversion facile, nous avons un exemple plus curieux et plus digne d'attention ; c'est la conjonction polymorphe de la portion phlogistique provenant des végétaux ou des animaux, avec diverses parties ou espèces provenant des minéraux.

» Je crois avoir démontré *ad nauseam* la combinaison que, dans notre expérience, le *phlogiston* contracte avec un acide minéral pour donner du soufre véritable, capable de s'enflammer et de brûler ; de même, la transmission de ce *phlogiston* peut être mise en évidence, *a priori et a posteriori*, au moyen d'expériences de combinaison et de décomposition qui portent sur le régule d'antimoine, sur l'étain, sur le fer, voire sur le plomb et, jusqu'à un certain point, sur le cuivre.

(1) Stahl, *Op. laud.*, cap. VII ; éd. cit., p. 330.

» Ni le fer ni l'étain... ne saurait, par aucun artifice, être ramené à la forme métallique, fusible, d'agrégation dense, être réduit en masse dense, solide, brillante, ductile, si on ne lui rendait enfin cette substance *phlogistos* dont il avait perdu la plus grande partie dans une calcination préalable.

» Et cette restitution, c'est le règne végétal qui la rend possible ; elle se fait par la fusion avec des charbons, par leur commerce, compénétration et contact immédiats, qui rendent plus facile le passage, le transport sur ces chaux d'un corps cédé par les charbons ; et ce transport est d'autant plus prompt que les charbons étant alors en feu, cette substance *phlogistos* s'y trouve animée d'un mouvement actuel très vif.

» Ces métaux avaient été fondus ; la combustion les avait privés de leur *phlogiston* ; leur consistance avait perdu sa cohésion, elle ne présentait plus l'agrégation métallique ; par cette méthode, ils sont aisément régénérés. »

Voilà, clairement formulée, la théorie de la calcination des métaux, de la réduction des chaux. Cette théorie est précisément inverse de celle que Jean Mayow avait entrevue et que, plus tard, Lavoisier démontrera. Pour Jean Mayow et pour Lavoisier, le métal est simple et la chaux est composée ; elle résulte de la combinaison du métal avec cette partie de l'air atmosphérique que le chimiste anglais appelait esprit nitro-aérien, que le chimiste français appellera oxygène. Pour Stahl, c'est la chaux qui est simple et le métal qui est composé ; il se forme par l'union de sa chaux avec le *phlogiston*. Dans une réduction, ceux-là voient une décomposition et celui-ci une combinaison. Dans une calcination, ceux-là voient une synthèse et celui-ci une analyse.

Si la pensée de Stahl s'oppose exactement à celle que Mayow a proposée et que Lavoisier soutiendra, elle n'est guère moins différente de la doctrine que Beccher avait construite.

Le disciple se souvient d'une expérience célèbre faite par son maître. « Tout cela, écrit-il (1), manifeste au sens le moins délié, par des expériences faciles, la combinaison du φλογιστόν et des minéraux, ou la séparation du φλογιστόν d'avec les minéraux qui le contiennent. C'est sur le même fondement que repose l'expérience curieuse exposée pour la première fois par Beccher dans son *Premier supplément à la Physique souterraine* ; je veux parler de l'expérience où du fer est engendré par de l'huile de lin et de l'argile commune. Pour expliquer cette expérience, Beccher fait appel au principe mercuriel de la mixtion métallique intime. Il ne m'est pas permis, jusqu'ici, de produire la même assertion ; mais, autant que je l'ai pu saisir, rien n'entre ici en jeu, si ce n'est cette substance phlogistique, et le concours plus spécifique qu'elle apporte à la combinaison dont le métal inflammable tient son espèce. Mais ce n'est pas ici le lieu de parler des petits détails de cette différence. »

Le respect pour celui qui lui a enseigné la Chimie ne laisse pas Stahl nous montrer à quel point cette différence est profonde. Ce que l'huile de lin fournissait à l'argile pour engendrer le fer, c'était, au gré de Beccher, le principe qu'il appelait mercure, ou bien encore soufre femelle, blanc et incombustible. Au gré de son élève, ce que le charbon donne à une chaux pour qu'elle revivifie le métal, c'est le principe combustible que ce métal contenait ; c'est, en effet, en perdant ce principe com-

(1) Stahl, *Op. laud.*, cap. VII ; éd. cit., p. 332.

bustible par la calcination que le métal s'était transformé en chaux. Voilà comment le principe spécifique des métaux, la troisième terre que Beccher ne cessait de déclarer incapable de brûler, va être, pour l'élève de Beccher, le principe combustible par excellence, et va recevoir de lui le nom de *phlogistos* ou *phlogistique*. Rien n'est plus propre à marquer la nouveauté de la théorie dont, à juste titre, Stahl revendique la propriété.

Dans son mémoire sur le soufre, le chimiste de Halle a formulé, du premier coup, tout le programme de la doctrine qui rendra son nom célèbre ; développer cette doctrine, en élucider les parties obscures, en multiplier les applications, tels seront désormais les objets de ses pricipaux travaux.

Au mois d'août 1697, il donne le second mémoire mensuel de son Académie ; un procédé de préparation de l'acide sulfurique en est l'objet ; mais l'*Introitus* s'intitule : *De sede principii* φλογιστοῦ ; l'auteur y enseigne ceci (1) :

« Dans la nature, il n'est aucun lieu où ce principe se laisse saisir à l'état de pureté, aucun où l'on en puisse, avec probabilité, soupçonner l'existence isolée ; mais il se trouve assurément, et en très grande abondance, dans l'air où, continuellement, il est chassé par les innombrables décompositions des mixtes. »

Au mois de septembre (2), c'est la réduction d'une

(1) *Mensis Augustus exhibens Spiritus Vitrioli volatilis in copia parandi Fundamentum et Experimentum.* Introitus, éd. cit., p. 338.

(2) *Mensis Septembris indicans e Bolo communi pigmentario mineram ferri splendidissimam copiose progignendi.*

chaux métallique qui occupe Stahl; il prend la terre qu'il nomme *Rothen Bolus* ou *Braun roth*, c'est-à-dire l'ocre rouge dont les peintres se servaient alors pour faire l'enduit des tableaux, et il enseigne un moyen d'en extraire le fer. Ce lui est occasion de revenir sur l'expérience analogue que Beccher avait faite, et de déclarer (1) que le principe soufré auquel son maître donnait le nom de terre, c'est celui-là même qu'il nomme *phlogiston*. Ce lui est aussi occasion de rappeler (2) que la terre ocreuse « donne naissance au fer par un mélange convenable de φλογιστόν. »

Cette théorie de la réduction des chaux métalliques fournit l'explication des expériences qu'il rapporte dans une dissertation, publiée en 1697 et intitulée: *De fundamentis Metallurgiæ et Docimasiæ pyrotechnicæ*. Stahl y développe (3) les observations dont son *Traité des sels* nous a conté l'origine; à l'aide de ces observations et de la doctrine du phlogistique, il rend compte des diverses opérations de la Métallurgie et, aussi, des essais de moindre ampleur à l'aide desquels on évalue la richesse des minerais; l'art d'effectuer ces essais constitue la Docimasie.

A Leipsick, en 1703, chez Jean-Louis Gleditsch, Stahl publiait une nouvelle édition de la *Physica subterranea*; il y joignait un traité auquel il avait donné ce titre : *Specimen Beccherianum fundamentorum, documentorum, experimentorum*. Dans l'avant-propos de ce traité, il se défendait d'avoir, à l'œuvre de son maître, rien

(1) Shahl, *Op. laud.*, cap. II; éd. cit, p. 369.
(2) Stahl, *Op. laup.*, cap. VI; éd. cit., p. 392.
(3) Cf. Stahlii *Specimen Beccherianum*, pars I, sect. I (Beccheri *Physica subterranea*, éd. cit., p. 25).

ajouté d'essentiel. « Ce qui est mien, disait-il, il ne le faut point comparer à Becher, il le lui faut rapporter ; ce que j'enseigne appartient à Becher, *Beccheriana inquam sunt quæ profero.* » De cette admirable modestie, ne soyons pas dupes ; ce n'est pas la doctrine de Becher qu'expose le *Specimen* ; c'est la doctrine de Stahl, c'est la théorie nouvelle du phlogistique.

Ce que nous appelons communément feu ou flamme (1), est-ce cette substance absolument simple qui est le feu élémentaire ? Point du tout. Pour obtenir le feu ardent, le feu qui flambe et brûle, il faut que le feu élémentaire s'unisse à d'autres substances et qu'il en agite les particules d'un mouvement violent.

Ce principe simple qui, dans nos foyers et dans les flammes qu'ils émettent, se trouve uni aux particules d'autres corps, Stahl, le premier, l'a nommé *phlogistos* ; « *ego phlogiston appellare cœpi* », dit-il. Le *phlogistos* n'est pas le feu tout entier ; il n'en est que la matière et le principe ; c'est lui, et non pas le feu pris en sa complexe totalité, qui entre à titre d'ingrédient dans la substance des mixtes ; c'est lui qui en est une partie constitutive. Le *phlogistos* n'est pas la chaleur, mais il est éminemmet propre à recevoir, à couver la chaleur.

Lorsque le feu complexe, brûlant, flambant, s'est constitué par l'union du *phlogistos* et d'autres particules matérielles, il n'est plus capable d'entrer en combinaison ; il ne joue plus, dans les réactions chimiques, que le rôle d'instrument.

C'est aussi ce rôle d'instrument, et ce rôle-là seulement, que l'air tient (2) par le concours externe qu'il

(1) Stahl, *Op. laud.* ; éd. cit., p. 19.
(2) Stahl, *Op. laud.* ; éd. cit., p. 21.

prête aux opérations. Toute sa vie, Stahl s'obstinera à dénier à l'air le moindre pouvoir de prendre part à la combinaison chimique ; en 1731, dans ses *Experimenta, observationes et animadversiones*, il écrira encore : « L'expansion élastique est, pour l'air, propriété si essentielle qu'en aucun cas, nous ne pouvons observer la concentration de cet air en une agrégation véritablement dense, soit en lui-même, soit dans une mixtion quelconque. » Stahl, assurément, était bien loin d'admettre l'hypothèse Jean Rey ou de prévoir la doctrine de Lavoisier.

Ce n'est pas *a priori* qu'on raisonnera sur le *phlogistos* (1), mais bien *a posteriori*, d'après l'étude expérimentale de ses actions ; « c'est *a posteriori* qu'il nous faut nécessairement parler de cette substance comme de toutes les autres ; il n'est, en effet, aucune substance dont nous puissions *a priori* acquérir le concept, déterminer la constitution, étudier les dispositions, non plus que reconnaître les actions èt les passions auxquelles elle est apte. »

« En tous cas (2), la poursuite de notre but véritable exige que nous maintenions cette thèse, cette assertion positive qui est la nôtre : Le *phlogistos*, c'est-à-dire cette matière apte à brûler, est, en réalité, chose corporelle (*aliquid corporeum*); cette chose entre d'une manière effective dans la mixtion des minéraux et des métaux. »

Ces deux citations suffisent à nous montrer que Stahl n'était aucunement, en Chimie, le chimérique rêveur, le mystique qu'on se plaît quelquefois à nous montrer en lui ; il ne faisait pas, de son *phlogistos*, un

(1) Stahl, *Op. laud.* ; éd. cit., pp. 21-22.
(2) Stahl, *Op. laud.* ; éd. cit., p. 76.

être exceptionnel, un intermédiaire entre les corps et les esprits ; il ne le prenait pas pour une âme métallique, comme Cardan l'avait pris avant lui, comme après lui, en Allemagne, le prendront certains de ses disciples infidèles et attardés. Pour lui, le *phlogistos* est bel et bien un corps, en dépit de l'incapacité où nous sommes de l'isoler et de le percevoir ; s'il en admet l'existence et les propriétés, c'est afin de rendre compte des faits que l'expérience révèle. Pour atteindre à la définition de cette substance hypothétique, il prend une voie que la Physique avait déjà suivie, qu'elle suivra maintes fois encore ; il raisonne comme on a raisonné au sujet de l'éther, comme on raisonnera touchant les fluides électriques et magnétiques, touchant le calorique ; il forme et combine ses suppositions jusqu'à ce qu'il les juge capables de sauver les phénomènes observés ; Stahl, en un mot, se révèle à nous comme un adepte sincère de la saine méthode expérimentale.

Le *phlogistos*, a-t-il dit, pénètre, à titre de composant, dans les diverses combinaisons chimiques. En quels corps le rencontrons-nous ? En tous ceux qui sont susceptibles de brûler ; s'ils sont combustibles, c'est à lui qu'ils le doivent.

« Il existe dans tous les métaux (1). Non seulement il se trouve d'une façon manifeste dans les métaux les moins parfaits, mais aussi, comme ceux-ci le prouvent, dans les métaux nobles ; en effet, il semble que, dans les métaux imparfaits, l'auteur, la cause du caractère métallique, ce soit lui. Il existe, en outre, dans le soufre. » Le soufre le contient en telle abondance que Stahl

(1) Stahl, *Op. laud.* ; éd. cit., p. 73.

donne parfois (1), à son *phlogistos*, le nom de principe sulfureux.

Le soufre, en brûlant, perd son *phlogistos* ; celui-ci, en effet, s'unit à diverses particules très mobiles pour s'échapper sous forme de flamme ; son départ laisse un acide, l'huile de vitriol, que la nomenclature nouvelle appellera acide sulfurique ; le soufre provient donc de l'union du *phlogistos* avec l'huile de vitriol (2). Or, de l'aveu de tous les chimistes, tout acide consiste en une mixtion de terre et d'eau. « Il convient, dès lors, que nous revendiquions, pour notre principe inflammable (*principium phlogiston*), le caractère de terre. » Ces deux corps, le sel acide et le principe de la combustion, s'unissent entre eux en vertu du caractère terrestre qu'ils possèdent tous deux ; c'est la combinaison d'une terre avec une autre terre.

« Les expériences qui viennent d'être rapportées, dit Stahl en un autre ouvrage (3), prouvent d'une façon très simple une vérité que Beccher s'est donné beaucoup de peine à démontrer, savoir, que la matière qui proprement et originairement est propre à l'inflammation est terreuse et solide, et n'est point volatile par elle-même dans le sens ordinaire. »

« Un grand nombre d'exemples (4) prouvent sensiblement que, quoi qu'il soit très difficile de combiner ce prin-

(1) Stahl, *Op. laud.* ; éd. cit., p. 78.
(2) Stahl, *Op. laud.* ; éd. cit., p. 77.
(3) *Traité du Soufre, ou Remarques sur la Dispute Qui s'est élevée entre les Chymistes, au sujet du Soufre, tant commun, combustible ou volatil, que fixe, etc. Traduit de l'Allemand de Stahl.* A Paris, Chez Pierre-François Didot, le Jeune. MDCCLXVI. P. 66.
(4) Stahl, *Op. laud.*, p. 59.

cipe avec l'eau, et quoi qu'il soit très aisé de l'en dégager, il ne laisse pas de se combiner très facilement et très étroitement par toutes sortes de voies avec les substances solides, d'où l'on voit qu'il a surtout de la disposition à prendre une forme solide et concrète. Beccher a donc eu raison de dire que c'était un être terreux, sec de sa nature, et très propre aux combinaisons solides. »

Toutefois, de ces combinaisons solides où le phlogistique s'engage aisément et fortement, il peut être chassé par la violente agitation du feu ; il se répand alors dans l'air sous une forme subtile et ténue ; Stahl la décrit en des termes que le nom de *gaz* résumerait aujourd'hui.

« Cette matière ignée par elle-même (1)..., lorsqu'elle a été une fois atténuée et volatilisée par le mouvement du feu et par le contact de l'air libre, ... est d'une subtilité et d'une dilatation qui la rendent méconnaissable à tous les sens, au point qu'il n'y a plus moyen de la reconnoître, de la rapprocher ou de la rassembler, surtout si cela devoit se faire promptement et en grande quantité. »

Le phlogistique est un gaz très apte à former des combinaisons solides, telle est la formule par laquelle nous pourrions aujourd'hui traduire les descriptions que Stahl donne de ce principe, et le nom de terre qu'il lui attribue.

Beccher avait admis, lui aussi, et Stahl vient de nous le rappeler, l'existence d'une terre inflammable, à laquelle il attribuait un caractère sulfureux, et qu'il nommait soufre mâle ou soufre rouge ; ce principe inflammable se trouvait en abondance dans le soufre combustible vulgaire, dans le *sulphur phlogiston* ; il se rencontrait

(1) Stahl, *Op. laud.*, pp. 56-57.

aussi dans les métaux ; à titre de seconde terre, il venait s'adjoindre à une première terre vitrifiable, et les métaux lui devaient leur couleur ; mais ce n'est pas de lui qu'ils tenaient la faculté de se laisser façonner au marteau et, partant, ce qui en fait proprement des métaux ; pour leur conférer ce caractère métallique, il fallait une troisième terre, celle que le chimiste de Spire nommait terre mercurielle ou bien encore soufre femelle, soufre blanc ; essentiellement, cette dernière terre était incapable de brûler.

Quel est donc, dans le système de Stahl, le sort réservé à cette terre mercurielle ?

« Autant, dit Stahl (1), j'espère avoir conquis d'évidence, de lumière, de témoignage en faveur de nos deux terres souterraines primordiales, autant, je le confesse et l'avoue, il subsiste d'obscurité du côté de la troisième terre admise par Beccher, de celle qu'il déclare être l'ancêtre (προπάτορα) de la famille mercurielle. Que quelqu'un vienne, qui nous découvre et enseigne la pratique de ce principe, la manipulation capable d'engendrer le caractère mercuriel (*enchirisis mercurificandi*), qui leur donne toute l'évidence, la simplicité, l'aisance dont je crois avoir doué mon principe sulfureux ; certes, je l'assure d'avance de ma reconnaissance ; que dis-je ! je réponds d'avance de tous les gens compétents, de tous ceux qui ont l'intelligence de ces questions, et je me porte fort pour eux. »

Stahl remarque (2), d'ailleurs, que Beccher en était venu à faire, « de son principe mercuriel, une chose qui suivait le *principium phlogiston* comme l'ombre suit le

(1) STAHL, *Specimen Beccherianum* ; éd. cit., p. 78.
(2) STAHL, *Op. laud.*, éd. cit., pp. 79-80.

corps » ; qu'il avait fini par les désigner tous deux sous le nom de soufres, appelant l'un soufre mercuriel et l'autre soufre arsenical. Avec toutes les précautions que réclame son profond respect pour le maître, le disciple se résout, en somme, à délaisser entièrement la troisième terre, la terre mercurielle, à composer uniquement les métaux par l'union d'une terre vitrifiable avec le *phlogistos*.

C'est cette constitution qui lui permet de rendre compte des divers phénomènes de réduction.

Stahl rappelle(1) quelles étaient, à ce sujet, les étranges opinions de Paracelse. « Il semblerait dur, ajoute t-il, d'imputer à Beccher quoi que ce soit d'analogue; Beccher n'est pas, cependant, sans prêter à quelque soupçon; il y prête, tout au moins, par ceci : Dans sa *Physique souterraine*, il n'a point parlé de cette opération générale qu'est la réduction des métaux autant que le sujet semble le demander, ni même autant qu'il l'eût pu faire en suivant le fil de suppositions simples et de démonstrations bien enchaînées. »

Ce problème de la réduction des chaux métalliques, Beccher l'avait effleuré dans son second supplément à la *Physique souterraine* ; mais de son expérience de 1671, il n'avait pas tiré tout le parti qu'on en pouvait attendre ; il s'était contenté d'en prendre argument en faveur de la constitution qu'il attribuait aux métaux. En 1698, Stahl s'était attaqué à la même question ; c'est à cette occasion qu'il avait conçu sa théorie du *phlogistos*. Aux pensées qu'il avait conçues dès cette époque, il revient, en 1703, dans son *Specimen Beccherianum*.

Le *phlogistos* existe dans tous les corps combustibles,

(1) Stahl, *Op. laud.*, éd. cit., pp. 81-82.

qui le perdent lorsqu'ils brûlent. Il existe dans le soufre, qui en est dépouillé par la combustion et passe à l'état d'acide vitriolique. Il existe dans les métaux, qui en demeurent privés après qu'on les a calcinés et qui constituent alors des chaux. Il existe également dans le charbon ; très combustible, le charbon est très apte à céder à d'autres corps le *phlogistos* dont il est abondamment pourvu ; en le cédant à ce métal déphlogistiqué qu'est une chaux métallique, le charbon régénère le métal dont la calcination avait produit cette chaux ; ainsi s'explique le pouvoir réducteur du charbon.

« Comment (1) la substance ignée, la substance du principe igné peut, d'une manière intime et prompte, reformer une mixtion minérale, personne, que je sache, ne l'a démontré avant moi ni plus simplement que moi. Je l'ai démontré, au mois de juillet 1697, dans mon *Experimentum sulphur per artem producendi* et dans ma *Dissertatio de fundamentis Metallurgiæ et Docimasiæ pyrotechnicæ*. Là, j'ai expliqué la pratique par laquelle, durant tant de siècles, les métaux non nobles ont été amenés à cette constitution métallique et continuent d'y être amenés ; cette opération se fait par la substance du principe igné que leur fournit le concours immédiat du charbon. La réduction par le flux noir de la scorie vitreuse du plomb en est un exemple absolument mis à nu. »

Stahl avait dit modestement : « *Beccheriana sunt ea quæ profero.* » En fait, les doctrines qu'il professe diffèrent grandement de celles de son maître. En délaissant la troisième terre mercurielle que le chimiste de Spire mettait dans tous les métaux, à laquelle il attribuait

(1) Stahl, *Op. laud.*, pars I, sect. I ; éd. cit., p. 25.

l'apparition du caractère métallique, Stahl a rendu singulièrement plus claire et plus simple la Chimie qui lui avait été enseignée. En composant seulement chaque métal d'une terre, qui en est la chaux, et d'un principe combustible, qui donne à cette chaux les propriétés métalliques, il a fourni une explication de la calcination. En admettant que le charbon, riche en principe combustible, peut céder ce corps à une chaux et la ramener ainsi à l'état de métal, il a rendu compte des réductions, c'est-à-dire, comme il l'a remarqué, de la plupart des opérations métallurgiques. Des considérations analogues lui ont expliqué comment la combustion transformait le soufre en acide vitriolique, comment le charbon renversait le sens de cette réaction.

Un amas confus d'expériences sans nombre formait, jusqu'alors, le trésor de la Chimie ; par Stahl, et grâce au *phlogistos*, cette science a été mise en possession de la première théorie qui pût, à ses richesses, imposer quelque ordre.

Mais il est un fait que cette théorie ne pouvait expliquer et dont l'observation soigneuse la devait renverser quelque jour ; ce fait était connu depuis longtemps. Si un métal se forme par l'union du *phlogistos*, qui est une terre, avec la chaux de ce même métal, qui est une autre terre, comment se fait-il que cette dernière, après la calcination qui l'a isolée, pèse plus que ne pesait sa combinaison avec le *phlogistos* ?

Cette observation, difficile à expliquer, Stahl ne l'ignore pas ; mais s'il la mentionne, il ne trouve rien de plausible qui la puisse concilier avec sa théorie.

« Le plomb pris à l'état de pureté et brûlé, dit-il (1),

(1) Stahl, *Op. laud.*, pars I, sect. II ; éd. cit., p. 70.

les cendres de plomb, la litharge ne redonnent jamais, lors de leur réduction, le poids primitif du métal ; il s'en faut de beaucoup ; en effet, bien que la litharge, le minium, les cendres de plomb acquièrent, au cours de leur combustion, un poids supérieur à celui qu'avait présenté la quantité de plomb prise au début de l'expérience, non seulement on voit périr, au cours de la réduction, cette sorte de portion surnuméraire *(portio quasi supernumeraria)*, mais encore, de la masse totale qu'on avait prise tout d'abord, on voit disparaître un poids notable. »

Les pertes de matière qui accompagnent toujours les opérations faites sans précautions minutieuses, suffisaient, au gré de certains auteurs, à expliquer la diminution de poids dont s'accompagne la réduction d'une chaux en métal ; Kunckel, par exemple, eût volontiers recouru à cette échappatoire ; Stahl est trop exact observateur pour la croire suffisante. « Dans les métaux inflammables, dit-il (1), cette matière phlogistique produit un effet tout opposé, puisque leurs chaux deviennent plus pesantes [par sa soustraction], et redeviennent plus légères par son addition ; et pour que l'on n'imagine point que ces chaux perdent quelque chose dans la réduction, comme Kunckel semble l'insinuer, on n'aura qu'à les faire rougir (2) pour en dégager ce principe, et l'on trouvera ce qui restera plus pesant. »

L'acquisition d'un « poids surnuméraire » par un métal que la calcination prive de son *phlogistos* est un singulier embarras pour la nouvelle théorie chimique.

(1) Stahl, *Traité du Soufre*, p. 277.
(2) C'est-à-dire à calciner le métal obtenu.

Dans son *Traité du Soufre*, non plus que dans son *Specimen Beccherianum*, Stahl n'en tente aucune explication. Il en propose une dans la seconde édition des *Fundamenta Chymiæ* qui fut imprimée à Nüremberg, en 1746, après la mort de l'auteur. Cette explication se rattache à la Physique cartésienne; comme cette Physique, elle cherche la cause de la pesanteur dans une pression exercée sur les corps terrestres par l'éther qui environne notre globe.

« Le feu, dit Stahl (1), donne à quelques corps calcinés, particulièrement aux chaux métalliques, un poids plus considérable; ainsi, au four à réverbère, le plomb est changé en minium; ce minium est beaucoup plus lourd que le plomb; avec cent livres de plomb, on fait cent-dix livres de minium...

» Dans la calcination, le feu ne cède rien de matériel aux corps terreux qui se forment. » Par cette proposition, Stahl rejette l'opinion de Robert Boyle, à laquelle son maître Beccher s'était rangé; sa propre opinion, il la définit tout aussitôt en ces termes : « Mais plutôt, de ces corps terreux, le feu rend les pores plus étroits; il leur communique par là un changement de contexture; par suite, l'éther qui repose sur eux rend plus grand l'effort ou la pression que l'air leur fait éprouver; de là vient la gravité en question. »

Visiblement, la raison ne vaut rien; il ne faut pas une bien grande attention pour reconnaître qu'au contraire de cette explication, nombre de chaux métalliques

(1) G. E. Stahlii *Fundamenta Chymiæ*, pars II, tract. I, sect. I, cap. III; ed. nova, Norimbergæ, 1746; vol. II, p. 23.

sont moins denses, plus poreuses que le métal dont elles proviennent.

Dans la cuirasse que Stahl a forgée pour la théorie du *phlogistos*, c'est là qu'est le défaut ; c'est là que Lavoisier portera le coup mortel.

CHAPITRE VII

LES VICISSITUDES DE LA THÉORIE DU PHLOGISTIQUE AU COURS DU XVIIIe SIÈCLE

« Nous autres Allemands, a dit le prince de Bülow (1), nous ne savons pas répondre avec un empressement spontané et joyeux aux exigences d'un temps nouveau... Chez nous, les nouveautés se heurtent à des résistances plus sérieuses qu'ailleurs. »

Cet attachement têtu du Germain aux idées reçues, cette malveillance à l'égard de tout ce qui impose à l'esprit quelque attitude imprévue et quelque orientation nouvelle, Stahl les connaissait bien. En avant de son édition de la *Physique souterraine* de Beccher, que complétait son *Specimen Beccherianum*, il avait mis une préface. Vers la fin de cette préface, il laissait entrevoir que, de ses compatriotes, pour la doctrine neuve et féconde qu'il proposait, il escomptait moins de reconnaissance que d'injustes critiques; non sans amertume, il écrivait :

« *Ego certe ex universa hac re nullum sperare ausim commodum, sed potius quæ Germanus a Germanis non*

(1) Prince DE BÜLOW, *La politique allemande*, pp. 124-125 de la trad. française.

expectare magis quam experiri debeat. Ad quæ quidem ego, antiquiore Germano genio, justo et tenaci propositi animo, obdurui, et illud occino : Tela prævisa minus nocent. »

Des Germains ses frères, le Germain Stahl n'attend rien, sinon des épreuves ; contre ces épreuves qu'il prévoit, afin de les trouver moins rudes quand elles adviendront, il s'applique à fortifier son âme ; s'il lui eût été donné de deviner l'accueil que ses idées recevraient en France, il eût, de cette divination, tiré réconfort.

I. — Boërhaave.

Pendant que Stahl concevait et développait sa théorie du *phlogistos*, d'autres doctrines, d'autres méthodes se produisaient ; leurs auteurs n'étaient point tous français ; mais ils étaient, pour la plupart, membres de l'Académie des Sciences de Paris ; à cette Académie, en effet, la clairvoyante munificence de Colbert s'était efforcée d'associer les savants les plus illustres de l'Europe, lorsqu'elle n'avait pu, par des places et des pensions, les fixer à Paris.

Parmi les écoles chimiques parisiennes, se trouvait celle des Lemery, que nous retrouverons tout à l'heure ; une autre suivait plutôt les principes du Hollandais Hermann Boërhaave (1668-1738).

Dans leur *Discours historique sur la Chymie*, Macquer et Baumé disaient (1) : « C'est à côté de Stahl, quoique

(1) Macquer et Baumé, *Plan d'un Cours de Chymie*, p. LVIII.

dans un genre différent, qu'on doit placer l'immortel Boërhaave. Ce puissant génie, l'honneur de son pays, de sa profession et de son siècle, a répandu la lumière sur toutes les sciences dont il s'est occupé. »

En dépit de l'ardeur avec laquelle il se proclame adepte de la seule méthode expérimentale, volontiers Stahl enfante des hypothèses et construit des systèmes ; l'esprit de Boërhaave est absolument positif ; il l'est au point de nous sembler, parfois, quelque peu terre à terre et grossier.

Certes, au sujet de la combinaison chimique, Beecher et Stahl admettent la théorie corpusculaire ; leurs déclarations en faveur de cette doctrine sont nombreuses et claires ; dans un composé, les composants subsistent, sous forme de masses distinctes et juxtaposées ; mais ces masses de natures différentes sont si petites que nos sens, même armés du plus fort microscope, ne les sauraient discerner ; un corps composé de plusieurs autres nous peut donc sembler parfaitement homogène.

Boërhaave, lui aussi, veut qu'un corps composé soit une simple juxtaposition des corps composants, mais il veut, en outre, que les particules de ceux-ci aient des dimensions sensibles ; en sorte que, pour lui, un corps composé, c'est même chose qu'un corps hétérogène ; simplicité et homogénéité sont, à son gré, synonymes.

Dans ses *Institutiones et experimenta Chemiæ*, imprimées en 1724 (1), il ne cesse de répéter que sont composés les corps où l'on peut « distinguer les vaisseaux

(1) Hermanni Boerhaave, *Phil. et Med. Doctoris, Medicinæ, Botanices, Chemiæ et Collegii Practici, Lugduni batavorum, professoris, Regiæ Scientiarum Academiæ Socii. Institutiones et Experimenta Chemiæ. Tomus primus.* Parisiis, MDCCXXIV.

contenants d'avec les fluides contenus ». Le bois, les tissus des animaux lui fournissent des exemples de ce qu'il entend par corps composés.

Naturellement, cette définition veut que les métaux soient des corps simples. L'or est homogène, « car un centième de grain d'or a même nature que cent livres d'or » ; l'or est donc simple ; de tous les corps, c'est le plus simple.

Après l'or, le mercure est le plus simple des métaux ; et le mercure simple dont parle Boërhaave, c'est ce vif-argent que tous les chimistes manipulent ; ce n'est pas l'hypothétique mercure des philosophes ; à l'endroit de ce dernier, notre auteur marque volontiers son scepticisme : « Si j'avais sous la main, ne fut-ce qu'un moment, le mercure des philosophes, dit-il, je pourrais l'examiner ; mais je ne l'ai jamais vu. »

A ce chimiste qui croit seulement au témoignage de ses yeux, qu'on n'aille pas donner les métaux, l'or, le mercure, pour corps composés d'une terre et de phlogistique ; il demanderait qu'on lui montrât, juxtaposés mais distincts, les grains terreux et les grains du principe combustible.

De tout temps, certaines gens ont su se faire une réputation d'expérimentateurs sans se livrer, par eux-mêmes, à la moindre observation ; de grands éloges de la méthode expérimentale, de vives critiques à l'égard des théories et de ceux qui en usent dans leurs raisonnements leur procurent plus de renommée que de patientes recherches et de pénibles manipulations. Boërhaave fut quelque peu de ceux-là. Dans la rédaction des leçons de Rouelle, Diderot le lui reprochait avec finesse. « La Chymie de Bœrhaave, disait-il (1),

(1) *Cours de Chymie de* M. Rouelle *rédigé par* M. Dide-

qui a paru quelques années après la connaissance des principes de Stahl en France, eut, à la faveur de la célébrité de son auteur, une grande vogue; mais depuis, mieux jugée par les chymistes, elle a été appréciée à sa juste valeur. On a trouvé l'ordre qu'il propose admirable et celui qu'il adopte fort mauvais. Le *Traité du feu* est une compilation bien faite. On a regretté que Bœrhaave n'ait pas fait sur l'air le même travail. On a jugé assez unanimement que Bœrhaave n'était pas chymiste, qu'il n'avait allumé d'autre feu que celui de sa lampe, et qu'il n'avait fait aucune opération propre à éclairer la théorie. »

II. — L'introduction de la théorie du phlogistique en France. — Rouelle et Macquer.

Venel était observateur; mais le culte pour la méthode expérimentale s'associait en lui à un constant désir de déprécier toute théorie, de dénigrer toute idée neuve; il lui plaisait infiniment que la Chimie continuât de se dissimuler sous un langage inaccessible aux profanes, que des signes kabbalistiques lui donnassent une allure mystérieuse; quiconque tentait de mettre, en cette science, quelque ordre et quelque clarté était assuré de se voir, par lui, fort mal accueilli. Chargé de rédiger,

ROT *et éclairci par plusieurs notes, divisé en IX tomes.* Introduction contenant l'histoire des progrès de cet art, t. I, p. 34. — Cet ouvrage n'a jamais été imprimé; il en circulait, à Paris et en France, de nombreuses copies manuscrites. Nous le citons d'après la copie que possède la Bibliothèque municipale de Bordeaux.

dans l'*Encyclopédie*, les articles de Chimie, il dut être fort embarrassé pour exposer avec les ménagements nécessaires la théorie du phlogistique que nombre de savants français accueillaient alors avec une extrême faveur.

Dans l'article *feu*, qui fut imprimé en 1756, Venel nous apprend que « le chimiste, du moins le chimiste stahlien, considère le feu sous deux aspects bien différents. »

Il en fait, premièrement, un des principes qui entrent dans la composition des corps ; « car, selon la doctrine de Stahl bien résumée, le principe que les chimistes ont désigné par le nom de *soufre, principe sulphureux, soufre principe, principe huileux, principe inflammable, terre inflammable et colorante*, ... n'est autre chose... qu'une substance particulière, pure et élémentaire, la vraie matière, l'être propre du *feu.* »

« Stahl, poursuit notre auteur, a désigné cette matière par le mot grec *Phlogiston*, qui est devenu technique et qui n'est pour nous, malgré sa signification littérale, qu'une de ces dénominations indéterminées qu'on doit toujours sagement donner aux substances sur l'essence desquelles règnent diverses opinions très opposées. Or les dogmes de Beccher et de Stahl sur le principe du feu, qui paraissent démontrables à quelques chimistes, sont, au contraire, pour quelques autres et pour un certain ordre de physiciens, incompréhensibles et absolument paradoxes, et par conséquent faux ; conséquence que les premiers trouveront, pour l'observer en passant, aussi peu modeste que légitime. »

En écrivant à l'article *feu*, sur la doctrine de Stahl, ces lignes qui ne l'engagent point, Venel nous promet d'autres détails qui se trouveront à l'article *phlogistique* ;

mais à l'article *phlogistique*, nous lisons simplement : « Voyez *feu* ». Est-ce inadvertance des éditeurs de l'*Encyclopédie*? N'est-ce pas plutôt rouerie de la part de Venel, débarrassé, par ce subterfuge, d'une théorie qui n'a pas ses complaisances? De toutes manières, le lecteur de l'*Encyclopédie* était fort peu renseigné sur le système de Stahl.

« Le Staahlianisme, disait Diderot (1), a été connu en France par les leçons de M. Rouelle et par les ouvrages de M. Macquer. »

Non seulement ces deux auteurs ont exposé la doctrine du disciple de Beccher, mais ils l'ont mise dans une grande clarté et, plus complètement que l'inventeur n'en avait eu loisir, ils en ont fait usage pour imposer un ordre à la multitude des réactions chimiques.

Aux leçons de Chimie qu'il donna, depuis 1744, au Jardin des Plantes, Guillaume-François Rouelle (1703-1770) attirait un nombreux auditoire par les violences de son langage et par l'excentricité de ses allures, aussi bien que par l'habileté de ses manipulations ; il se proclamait adepte de la seule méthode expérimentale et ne voulait rien admettre qu'il n'en eût été convaincu par le témoignage de ses sens. « La Chymie, disait-il (2), ne cherche pas de vains raisonnements ; elle ne cherche que des faits. Lui demande-t-on, par exemple, ce que c'est que le cinabre ? Elle répond que c'est un composé de souphre et de mercure. Pour le prouver, elle le réduit en ces deux substances qu'elle fait voir séparées.

(1) *Cours de Chymie de* M. Rouelle. Introduction, t. I, p. 33.

(2) Rouelle, *Op. laud.*, Des principes, t. I, p. 36.

Elle fait plus : Avec du souphre et du mercure, elle compose un véritable cinabre. »

Dirigé par une telle règle, il avait déclaré la guerre aux systèmes ; il n'en était point qu'il ne se plût à contredire par les réactions dont il accompagnait sans cesse son enseignement ; ou plutôt, il n'en était qu'un qui trouvât grâce à ses yeux ; en revanche, à celui-ci, il accordait la plus entière confiance ; cette doctrine privilégiée, c'était celle du phlogistique.

A l'égard de Beccher et de Stahl, son admiration était extrême.

« Au commencement du XVIIe siècle, en 1625, disait-il (1), naquit à Spire l'illustre Joachim Beccher, homme d'un génie supérieur, d'un jugement exquis, et très versé dans toutes les sciences, le vrai Hermès de la Chymie philosophique... On peut dire qu'il n'est aucune science qu'il n'ait connue et enrichie. Mathématiques, Politique, Jurisprudence etc., tout fut de son ressort. Mais il n'a travaillé sur aucune partie aussi assidûment que sur la Chymie. Sa *Physique souterraine* que, malheureusement, nous n'avons pas complète, contient au moins le germe de toutes les vérités chymiques et du système qui les rassemble en un corps. Mais sa doctrine est encore plus belle et plus lumineuse, exposée, éclaircie et confirmée par le *Specimen Beccherianum*. »

Ce dernier traité est l'œuvre du « grand Stahl ». « Parmi les obligations que la Chymie lui a, celle d'avoir mis Beccher à la portée des lecteurs, de l'avoir revêtu de la forme philosophique n'est pas la moindre. Il a, outre cela, bien mérité de la Chymie par le genre

(1) ROUELLE, *Op. laud.*, Introduction, pp. 26-27, et pp. 31-32.

de travail le plus difficile, le plus délicat et le plus important, celui qui regarde le phlogistique, la seconde terre de Beccher. Il a porté ce travail à un tel point de perfection que si toutes les branches de la Chymie étaient ainsi discutées et éclaircies, on aurait un corps de Chymie complet. »

Rouelle ne fera donc point difficulté de prendre pour très réel l'insaisissable phlogistique. « Nous admettons, dit-il (1), quatre principes ou élémens : le phlogistique ou le feu, la terre, l'eau et l'air. »

« Le feu (2) est uni dans les huiles à d'autres principes avec lesquels il forme ce mixte qui entre dans la composition des corps. Dans la combustion, ce principe inflammable se répand dans l'air, passe dans de nouvelles combinaisons et reparoît dans les corps sous forme d'huile. Il s'unit très facilement à certains corps, très fortement à d'autres et si foiblement à quelques autres qu'il y est dans un état de développement si grand qu'il prend feu subitement. Il est si subtil que, dans toutes les analyses, il est impossible de le retenir et de l'apercevoir. »

Et cependant ce pur expérimentateur, qui ne tiendrait point le cinabre pour composé de mercure et de soufre si on ne lui montrait le mercure et le soufre qu'on a tirés du cinabre, croira fermement que le soufre est composé d'acide vitriolique visible et de phlogistique insaisissable. Ainsi l'esprit de système s'empare-t-il même de ceux qui font, au seul témoignage des sens, la plus bruyante profession de foi !

(1) Rouelle, *Op. laud.*, Des principes, t. I, p. 43.
(2) Rouelle, *Op. laud.*, Du feu, t. I, p. 63.

« On trouve, dira Rouelle (1), un vrai minéral fort singulier, où le principe inflammable n'est pas combiné avec différentes substances comme dans les huiles, mais seulement avec un acide très pur; c'est ce qu'on nomme le souphre. » — « Le souphre (2) est un mixte formé par la combinaison de l'acide vitriolique parfaitement concentré avec le principe de l'inflammabilité en grande proportion. »

Comme le voulait Stahl, un métal résulte de l'union d'une chaux avec le phlogistique : « Les métaux et demi-métaux (3) sont inflammables et se réduisent en cendres. On n'en retire point d'huile... Le phlogistique ou matière du feu n'est pas unie aux autres principes de ces corps sous forme d'huile. Si l'on redonne le phlogistique à ces métaux calcinés, ils reprennent leur première forme. » — « La réduction d'une chaux métallique (4) est une opération par laquelle on redonne à cette chaux le phlogistique qu'elle a perdu. Il faut que ce phlogistique ne soit uni qu'à une terre » pour régénérer le métal d'où cette terre provenait.

Voyons de quelle façon Rouelle mettait ces principes en œuvre lorsqu'il voulait expliquer une réaction chimique; faisons choix d'une réaction dont nous avons déjà parlé : La transformation de la pyrite blanche ou marcassite, que nous nommons aujourd'hui sulfure de fer, en vitriol vert, que nous appelons sulfate de fer.

Au contact de l'air humide, disait Jean Mayow, le

(1) Rouelle, *Op. laud.*, Du feu. T. I, p. 63.
(2) Rouelle, *Op. laud.*, 3e partie. Règne minéral. Du souphre. T. VI, p. 663.
(3) Rouelle, *Op. laud.*, Du feu. T. I, p. 63.
(4) Rouelle, *Op. laud.*, 3e partie, Règne minéral. Des demi-métaux. Arsenic. T. VII, p. 932.

soufre de la marcassite s'empare des particules igno-aériennes et donne de l'acide vitriolique ; le fer, lui aussi, s'unit aux particules igno-aériennes pour produire une rouille ; l'acide vitriolique, en se combinant avec cette rouille, engendre le vitriol. Aux noms de particules igno-aériennes, acide vitriolique, rouille, substituons les noms modernes d'oxygène, d'acide sulfurique, d'oxyde de fer, et nous aurons l'explication que Lavoisier donnera d'une telle réaction.

A l'explication qu'a donnée Jean Mayow, à celle que donnera Lavoisier correspond exactement celle que Rouelle propose ; mais partout où celles-là voient un gain d'esprit igno-aérien ou d'oxygène, celle-ci suppose une perte de phlogistique.

« La pyrite, dit Rouelle (1), se réduit en une poudre grossière. Pendant ce temps, le souphre, qui n'est uni au fer que par son phlogistique, se décompose. Le principe inflammable se dissipe ; l'acide vitriolique qui reste quitte le fer ; mais celui-ci perdant son phlogistique, ... l'acide vitriolique se recombine avec et fait le vitriol. »

Assurément, de telles explications se plient fort bien au détail de mainte réaction chimique ; par elles, le système du phlogistique se montrait fort capable d'imposer un ordre à la multitude des faits étudiés dans les laboratoires ; mais il trouvait toujours devant lui cette redoutable objection : Si, pour se transformer en chaux, un métal perd le phlogistique que contenait sa substance, d'où vient donc que la chaux pèse plus que le métal d'où elle provient ?

(1) Rouelle, *Op. laud.*, 3e partie. Règne minéral. Des acides minéraux ; de l'acide vitriolique. T. VI, pp. 610-611.

Cette objection, Rouelle ne l'ignore pas. « La chaux d'antimoine, dit-il (1), présente un phénomène singulier et qui a longtemps occupé les physiciens : Quoique l'antimoine, par sa calcination, perde une partie de sa substance, cependant la chaux est plus pesante que l'antimoine qu'on a calciné. »

La difficulté est clairement présentée. Quelle en sera la solution ?

« Il y a eu des chymistes qui ont cru pouvoir attribuer ce phénomène aux parties du feu qu'ils supposoient s'être logées dans les pores du demi-métal pendant sa calcination. Cette idée se réfute assez d'elle-même. D'autres ont prétendu que le souphre se décomposoit dans sa combustion et que c'étoit son acide qui, se combinant avec la chaux de l'antimoine, faisoit cette augmentation de poids ; mais outre qu'on observe le même phénomène dans la calcination du régule (2) qui n'a point de souphre, on sait que l'acide vitriolique n'attaque point l'antimoine, et que ce métal ne sauroit se vitriolizer; il est donc plus vraisemblable que cette augmentation de poids n'est qu'apparente, et que la pesanteur absolue étant toujours la même, il n'y a que la pesanteur spécifique qui augmente, sans doute parce que le volume diminue beaucoup plus que la substance réelle. Cela est d'autant plus vraisemblable que cette augmentation de poids disparoît lorsqu'on refond cette

(1) Rouelle, *Op. laud.*, 3e partie, Règne minéral. Des demi-métaux. Antimoine. LXIIe procédé : Calcination de l'antimoine. T. VII, pp. 970.

(2) On appelait alors *antimoine* le minéral qu'on nomme aujourd'hui *stibine* et qui est du sulfure d'antimoine ; à l'antimoine pur, on donnait le nom de *régule d'antimoine ;* Rouelle proposait déjà lui de réserver le nom d'antimoine.

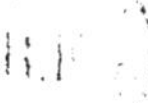

masse et qu'on en fait du verre. Cette opinion étoit celle de Glauber; il paroît qu'on n'y a pas fait assez d'attention; M. Rouelle, qui a entrepris de la renouveler, prétend s'être assuré par la balance hydrostatique que la pesanteur spécifique étoit augmentée. »

La balance hydrostatique était, en cette affaire, un luxe inutile; la balance la plus ordinaire, celle dont usait le sieur Brun, apothicaire à Bergerac, eût convaincu Rouelle que la transformation de l'antimoine métallique en chaux d'antimoine n'entraînait pas une simple augmentation de pesanteur spécifique, que le poids absolu était grandement accru; mais notre partisan fanatique de l'expérience, notre bouillant adversaire de l'esprit de système s'est bien gardé de répéter l'expérience très simple qui gênait si fort son système préféré.

Quand il lui arrivera, d'ailleurs, de traiter de la calcination du plomb ou de celle de l'étain, il ne soufflera mot de l'accroissement de poids qu'éprouvent ces substances lorsqu'elles deviennent minium ou potée d'étain.

Il semblerait vraiment que les chimistes du XVIIIe siècle eussent pris la balance en horreur; ceux d'entre eux qui se montraient les plus habiles manipulateurs répétaient, sans l'ombre d'une hésitation, des propositions que la plus simple pesée eût convaincues d'erreur. Rouelle nous en va donner un nouvel exemple, à propos d'une préparation dont nous aurons à parler plus d'une fois.

Lorsqu'au contact de l'air, on chauffe du mercure à la température où ce corps entre en ébullition, on voit peu à peu la surface brillante du métal se recouvrir d'une couche d'un rouge éclatant; ce corps rouge avait, depuis longtemps, reçu des chimistes le nom de précipité *per se*. Lavoisier enseignera qu'il faut voir, dans le précipité *per se*, de l'oxyde de mercure, formé aux dépens du métal en ébullition et de l'oxygène de l'air. Lorsqu'on chauffe le précipité *per se* à une température un peu plus élevée que celle où il a pris naissance, il se détruit, redonnant le mercure métallique qui avait servi à le former; il restitue alors, dira Lavoisier, l'oxygène qui entrait dans sa composition. Le même chimiste montrera, et ce sera l'un des principaux arguments de sa thèse, que le poids du précipité *per se* est plus considérable que celui du mercure qui a servi à l'engendrer ou qu'il est capable de régénérer.

Ces deux réactions, inverses l'une de l'autre, qui transforment le mercure en précipité *per se* et le précipité *per se* en mercure, ont attiré l'attention de Rouelle; écoutons ce qu'il en dit (1) :

« Il paroît que cette opération (la formation du précipité *per se*) ne fait que rompre l'aggrégation du mercure, à laquelle seule il doit sa fluidité et son éclat. Cette expérience peut faire croire que lorsqu'il est réduit à ses dernières molécules, il est de couleur rouge. Ce qui prouve qu'il n'est pas décomposé, c'est qu'exposé au degré de feu capable de faire bouillir le mercure coulant, il reprend son premier état et redevient véritable mercure sans qu'il reste aucune partie de la poudre... rouge ou que le mercure ait rien perdu de son poids. Cette poudre rouge n'est donc pas... une chaux de mercure,.... puisque le mercure y est tout entier et qu'il n'a rien perdu de ses principes. »

(1) Rouelle, *Op. laud.*, 3e partie : Règne minéral. Des demi-métaux. Du mercure. XLVIIe procédé : Mercure précipité *per se* ou pulvérisation du mercure. T. VII, p. 874.

Le plus modeste trébuchet eût averti Rouelle qu'il se fourvoyait ; il lui eût prouvé qu'en devenant précipité *per se*, le mercure s'était adjoint quelque substance étrangère; Rouelle n'eut pas idée de faire appel au témoignage de cet instrument.

Parmi les jeunes gens qui suivaient, au Jardin du Roi, les cours de l'excentrique professeur, il s'en trouvait un qui devait un jour, de cette double réaction si étrangement méconnue, faire comme la pierre angulaire de la Chimie moderne; celui-ci montrerait aux chimistes que, pour être bon expérimentateur, il ne convient point de répudier les raisonnements, mais qu'il faut, sans cesse, user de la balance; cet élève de Rouelle, s'appelait Antoine-Laurent Lavoisier.

En face de l'école de Rouelle, exclusivement confiante en l'expérience, une autre école se dressait, moins craintive que la première à l'égard de l'hypothèse, et que la première querellait volontiers à ce sujet; dans cette autre école, on se piquait d'être physicien; on recourait volontiers aux façons de raisonner de la Mécanique, où l'on pensait trouver plus de précision et de clarté; à l'exemple de Newton, de Freind, de Keill, on essayait de rendre compte des phénomènes chimiques à l'aide de forces attractives très puissantes que les moindres particules des corps exerceraient, à très petite distance, les unes sur les autres; on admirait fort les *tables d'affinités* imaginées par Geoffroy, essai prématuré, mais clairvoyant, pour constituer une Statique chimique.

Le chef de cette école était un ancien élève de Rouelle, le Parisien Pierre-Joseph Macquer (1718-1784).

Les brocards des sectateurs de la pure expérience n'épargnaient guère Macquer et l'école de ceux qu'on nommait les Chimistes-physiciens. Rouelle, dans ses leçons, attaquait son ancien élève avec sa violence habituelle, et d'autres, qui n'avaient pas le talent de Rouelle, lui faisaient écho; tel un Monnet, qui exagérait encore, à l'égard de toute théorie, la haine du professeur du Jardin du Roi. Ce Monnet poursuivait de ses diatribes ce qu'il appelait (1) « la folie » des Chimistes physiciens. « Ils courent vainement, disait-il, après des théories qui semblent leur échapper, et dont l'impression sur les esprits se dissipe comme de la fumée. Ces auteurs de Chymie doivent craindre la postérité. Si jamais ils y passent, il ne restera d'eux que des faits. Nos neveux mépriseront le reste, parce que la Chymie n'est qu'une collection de faits, la plupart sans liaison entre eux ou indépendants les uns des autres. La cause qui fait agir les corps n'est pas la même dans tous, et les corps qui se ressemblent le plus diffèrent essentiellement entre eux. En un mot, la nature les a formés indépendamment les uns des autres et a mis autant de variétés chez eux que dans les autres parties qui composent ce vaste Univers. »

Ainsi certains disciples de Rouelle en venaient à réduire toute la Chimie à l'empirisme le plus grossier.

Macquer, par contre, ne manquait pas de reprendre vertement (2) ceux qui s'efforçaient de « jeter du ridi-

(1) *Traité de la dissolution des métaux* par M. Monnet, des Académies Royales des Sciences de Turin, de Rouen et de la Société littéraire d'Auvergne. Amsterdam, 1775. Préface.

(2) *Dictionnaire de Chimie, contenant la théorie et la pratique de cette science, son application à la Physique, à l'Histoire Naturelle, à la Médecine, et aux ars dépendans de la Chimie.* Par M. Macquer, Docteur en Médecine de

cule sur tous les savans, sans exception, qui, depuis le renouvellement des sciences, ont employé leur génie et leurs veilles à répandre sur la Chimie les lumières de la saine Physique.

» C'est là, disait-il, un inconvénient qui paraît presque inévitable dans les sciences qui, comme la Chimie, sont fondées sur des faits, des procédés, des manipulations. Un grand nombre de gens qui n'ont que des mains et point de tête peuvent s'en mêler, y être même fort utiles ; et parmi ces manœuvres, il s'en trouve quelques-uns que le défaut d'éducation et de génie n'empêche pas d'avoir un très grand fonds de vanité ; qui, parce qu'ils travaillent dans une science très étendue et très belle, où il y a de l'ouvrage pour tout le monde, prétendent bien figurer parmi les savans ; et qui, sentant qu'ils ne peuvent atteindre à aucune spéculation élevée, prennent le parti de mépriser ce qu'ils ne peuvent entendre et s'efforcent de rabaisser toute la science jusqu'à leur niveau. Voilà pourquoi, dans leurs livres (car, pour figurer parmi les savans, il faut bien faire des livres) voilà, dis-je, pourquoi, dans leurs livres, à l'occasion de quelques expériences ordinairement mal faites ou mal vues, qui leur paraissent contraires aux idées des plus grands hommes, on les voit déclamer contre tous en général, et sans oser en nommer aucun en particulier, les désigner collectivement (1) sous les noms de *nos raisonneurs, nos faiseurs de tables, nos chimistes sci-*

la Faculté de Paris, de la Société Royale de Médecine, Professeur de Chimie au Jardin du Roi. Seconde édition, Paris, 1778, art. : Affinité.

(1) Toutes ces expressions sont tirées du livre de Monnet que nous avons cité tout à l'heure.

lastiques et par d'autres expressions semblables où il n'y a ni justesse, ni esprit. »

Les deux écoles entre lesquelles se partageaient les Chimistes de Paris faisaient taire leurs bruyantes querelles pour chanter en parfait accord les louanges de la théorie phlogisticienne. L'admiration de Macquer pour cette théorie faisait écho à l'enthousiasme de Rouelle.

Nous avons entendu les éloges magnifiques que Macquer et Baumé décernaient au génie de Stahl ; quant à la doctrine de ce chimiste, voici le jugement qu'ils en portaient (1) :

« Bien différente de ces sistèmes qu'enfante l'imagination sans l'aveu de la nature, et que l'expérience détruit, la théorie de Stahl est le guide le plus sûr qu'on puisse prendre pour se conduire dans les recherches chymiques ; et les nombreuses expériences que l'on fait chaque jour, loin de la détruire, deviennent au contraire autant de nouvelles preuves qui la confirment. »

En 1750, Macquer publiait ses *Élémens de Chymie théorique ;* écrit avec l'ordre, la simplicité, la clarté dont, au XVIIIe siècle, ne se départissaient guère les traités composés en France, ce petit livre accordait une large place à la théorie du phlogistique.

Tandis que le feu même ne se peut retenir et fixer dans aucun corps, « les phénomènes (2) que présentent les matières inflammables, lorsqu'elles brûlent, nous

(1) Macquer et Baumé, *Plan d'un Cours de Chymie*, pp. LVI-LVII.

(2) *Élémens de Chymie théorique ;* par M. Macquer, de l'Académie Royale des Sciences, Censeur Royal, Docteur-Régent de la Faculté de Médecine de l'Université de Paris, et ancien Professeur de Pharmacie. Nouvelle Édition. A Paris, Chez Jean-Thomas Hérissant. MDCCLVI, pp. 15-17.

indiquent qu'elles contiennent réellement la matière du feu, comme un de leurs principes...

» Examinons donc les propriétés de ce feu fixé, et devenu principe des corps. C'est lui auquel, pour le distinguer du feu pur et libre, on a particulièrement affecté le nom Grec *Phlogistos*, que les Chymistes François se sont assez accordés à traduire par celui de *Phlogistique* ; on lui donne aussi quelquefois le nom de souffre principe, ou de matière inflammable.

» Voici en quoi il diffère du feu élémentaire : 1° Quand il s'unit à un corps, il ne lui communique ni chaleur ni lumière. 2° Il ne change rien à son état de solidité ou de fluidité, en sorte qu'un corps solide ne devient point fluide par addition du phlogistique, *et vice versâ* ; il rend seulement les corps solides auxquels il se joint plus disposés à entrer en fusion par l'action du feu ordinaire. 3° Nous pouvons le transporter d'un corps auquel il est joint, dans un autre corps dans la composition duquel il entre et demeure fixé...

» Jusqu'à présent, les Chymistes n'ont pu parvenir à avoir le Phlogistique pur et séparé de toute autre substance ; car il n'y a que deux moyens de l'enlever à un corps dont il fait partie : sçavoir, de lui présenter un autre corps auquel il se joint dans le même instant qu'il quitte le premier, ou bien de calciner et enflammer le composé dont on veut le séparer. »

Au cours de son petit traité, Macquer, épousant étroitement le sentiment de Stahl, montrait comment l'hypothèse du phlogistique rend compte de la formation et de la réduction des chaux métalliques, comment elle explique la transformation du soufre en acide vitriolique, comment elle éclaire mainte autre réaction. Les *Élémens de Chimie théorique*, le *Dictionnaire de Chimie* que le savant parisien donna bientôt après et qui, du vivant de l'auteur, eut deux éditions, firent connaître, dans tous les laboratoires de Chimie, le système du disciple de Beccher.

Une fois de plus, grâce à Rouelle et à Macquer, l'esprit de notre nation avait joué le rôle qui, si souvent au cours des siècles, lui a été dévolu; l'étranger lui avait transmis une pensée; mais de celle-ci, la beauté et la fécondité se cachaient sous un monceau de considérations confuses, obscures, inutiles ou erronées; cette pensée, il l'avait dégagée de ce fatras; il l'avait rendue simple et pure, puis il l'avait offerte à l'admiration du monde; à l'idée allemande, larve de théorie, il avait donné des ailes françaises.

III. — La tradition de Boyle. Les deux Lemery.

Si la théorie du phlogistique trouvait à Paris des admirateurs dont le talent savait la répandre, elle s'y heurtait aussi aux tenants des doctrines adverses et, particulièrement, de la théorie de Boyle. Celle-ci, en effet, n'avait cessé de compter des partisans à l'Académie des Sciences, où elle avait été soutenue surtout par la famille des Lemery.

Lorsque le *Cours de Chymie* de Nicolas Lemery (1645-1715) avait paru pour la première fois, en 1675, il s'était vendu, au témoignage de Fontenelle, « comme un écrit de galanterie ou de satire ». Les éditions s'étaient succédé avec rapidité; en 1713, on en était déjà à la dixième. Ce prodigieux succès servait la cause de la théorie de Boyle.

Un contemporain de Lemery, Charras, donnait, de la pesanteur acquise par la litharge, l'explication suivante (1) : « Tandis que la violence de la flamme ouvre et divise les parties de la chaux du plomb, l'acide du bois ou des autres matières qui brûlent s'insinue dans les pores de cette chaux, où il est arrêté par un alkali ». A quoi Lemery répliquait fort justement : L'augmentation de poids s'observe également, que la calcination du plomb se fasse au feu de bois ou bien au feu de charbon.

« Il vaut donc mieux rapporter cet effet à ce que les pores du plomb sont disposés en sorte que les corpuscules du feu s'y étant insinués, ils demeurent liés et agglutinés dans les parties pliantes et embarrassantes du métal, sans en pouvoir sortir, et ils augmentent le poids...

» Je sais bien qu'on m'objectera que les corpuscules du feu étant très légers de leur nature, ils ne pourront pas augmenter le poids du plomb si considérablement. Mais je suppose qu'il en est entré une grande quantité dans les pores du métal, et l'on ne doit pas avoir de peine à comprendre que ces petits corps, quoique légers séparément, ayent de la pesanteur quand ils sont entassés en un fort grand nombre dans un petit espace. »

(1) *Cours de Chymie contenant la manière de faire les Opérations qui sont en usage dans la Médecine, par une méthode facile. Avec des raisonnemens sur chaque Opération, pour l'instruction de ceux qui veulent s'appliquer à cette Science.* Par M. Nicolas Lemery, de l'Académie Royale des Sciences, Docteur en Médecine. Dixième Edition. Reveuë, corrigée et augmentée par l'Auteur. A Paris, Chez Jean-Baptiste Delespine. MDCCXIII. — Calcination du Plomb. Remarques. Pp. 143-144.

Bien des esprits justes devaient, au contraire, trouver fort peu clair que l'ensemble de ces petits corps tendît vers le centre de la terre, pendant que chacun d'eux, pris en particulier, s'en voulait écarter.

Guillaume Homberg (1652-1715), né à Batavia d'une famille saxonne, après avoir étudié en Allemagne et beaucoup voyagé, avait été fixé à Paris par la munificence de Colbert. A côté de Lemery, il était un des chimistes les plus actifs et les plus écoutés de l'Académie des Sciences. Au sujet de la théorie de Boyle, il partageait entièrement le sentiment de Lemery. « M. Homberg et M. Lemery ont confirmé ce système ingénieux par plusieurs expériences, et il est aujourd'hui celui du plus grand nombre des physiciens ». Ainsi parlait en 1757, dans une note ajoutée au *Cours de Chymie* de Lemery (1), « M. Baron, docteur en Médecine, et de l'Académie Royale des Sciences ».

Parmi les tenants du système de Boyle, Baron pouvait citer les fils de Nicolas Lemery, chimistes tous deux. L'aîné, Louis Lemery (1677-1743), avait donné des *Conjectures et réflexions sur la matière du feu et de la lumière*, qui furent insérées dans les *Mémoires de l'Académie des Sciences pour l'année 1709*.

Comme son père, Louis Lemery écartait l'explication donnée par Charras de l'accroissement de poids des métaux calcinés. « On demande, disait-il, d'où peut

(1) *Cours de Chymie... par* M. Lemery... *Nouvelle édition, revûe, corrigée et augmentée d'un grand nombre de notes, et de plusieurs préparations chymiques qui sont aujourd'hui d'usage, et dont il n'est fait aucune mention dans les éditions de l'Auteur. Par* M. Baron, *Docteur en Médecine, et de l'Académie Royale des Sciences.* Paris. MDCCLVII. P. 92, en note.

provenir cette augmentation de poids ; et la matière du feu, aïant réduit ces corps dans l'état de calcination où nous les voïons, ne doit-on pas aussi lui attribuer la pesanteur nouvelle qu'ils acquièrent ?...

» Ce qui prouve encore plus clairement que cette matière peut augmenter de poids en s'y engageant, c'est que si on expose ces mêmes corps aux rayons du soleil réunis par un verre ardent, leur pesanteur n'augmente pas moins que s'ils eussent été exposez au feu ordinaire. »

Mais après s'être exprimé en ces termes qui sont une adhésion formelle au système de Boyle, Louis Lemery, retournant, pour ainsi dire, sa pensée sans s'en apercevoir, en venait à parler en disciple de Stahl ; en effet, vers la fin de son mémoire, il écrivait ces lignes, qui sont un véritable résumé de la théorie du phlogistique :

« La matière du feu ou de la lumière, mêlée avec les sels, l'eau et la terre unis ensemble, produit le soulfre ; et toutes les matières inflammables ne sont telles qu'en vertu des particules de feu qu'elles contiennent ; car l'analyse de ces corps inflammables fournit du sel, de la terre et de l'eau, et une certaine matière subtile qui passe à travers les vaisseaux les mieux fermés, de sorte que quelque soin que prenne l'artiste, de ne rien laisser perdre et échapper, cependant il trouvera une diminution considérable de pesanteur. Or ces principes, la terre, le sel et l'eau, sont des corps morts qui ne servent, dans la composition des matières inflammables, qu'à arrêter et retenir les particules du feu, qui seules sont la vraie matière de la flamme.

» Il paraît donc que c'est cette matière de la flamme que perd l'artiste dans la décomposition des matières inflammables. »

Cette matière de la flamme n'était pas seulement assez subtile pour traverser les parois des vaisseaux les mieux clos ; elle était, en même temps, assez vague et mal définie pour échapper aux prises rigoureuses du raisonnement et pour s'accomoder aussi bien du système de Boyle que du système tout contraire de Stahl ; les chimistes ne distinguaient pas toujours très exactement si elle était gagnée ou perdue par le métal qu'ils calcinaient.

IV. — Stéphen Hales

Tandis qu'à l'Académie des Sciences de Paris, la théorie de Boyle trouvait de nombreux partisans, les uns fidèles, les autres infidèles sans le vouloir ni le savoir, elle rencontrait en Angleterre, dans la personne de Stéphen Hales (1677-1761), un fort rude adversaire.

C'est en 1727 que Hales lut, à la Société Royale de Londres, ses expériences sur *La statique des végétaux et l'analyse de l'air ;* en 1735, le solennel M. de Buffon daigna mettre cet ouvrage en français (1).

Hales s'y propose d'étudier les réactions chimiques qui absorbent ou dégagent des gaz ou bien, comme on disait alors, des *airs* ; de ces divers airs, il s'attache, en chaque cas, à mesurer le volume absorbé ou dégagé.

(1) *La Statique des Végétaux et l'Analyse de l'Air. Expériences nouvelles Lûes à la Société Royale de Londres.* Par M. Hales D. D. et Membre de cette Société. Ouvrage traduit de l'Anglois, par M. De Buffon, de l'Académie Royale des Sciences. A Paris, Chez Debure l'aîné, MDCCXXXV.

Selon le mot de Lavoisier (1), « le grand nombre des expériences faites par M. Hales... embrasse presque toutes les substances de la nature ». D'une telle multitude d'observations chimiques, et faites à cette époque, on ne saurait attendre ni qu'elles s'enchaînent suivant un ordre très rigoureux, ni qu'elles aboutissent à des conclusions très nettes. Il en est, cependant, qui eussent mérité d'attirer plus tôt et de retenir plus fortement l'attention des chimistes.

Par exemple, en faisant brûler, sous une cloche renversée sur l'eau, un mélange de limaille de fer et de soufre, Hales voit que beaucoup d'air est absorbé (2); un mélange d'antimoine et de soufre donne un résultat semblable. « Le soufre absorbe l'air (3) non seulement lorsqu'il brûle en substance, mais même lorsque les matières où il se trouve incorporé fermentent... Toutes ces expériences et toutes ces raisons nous doivent faire attribuer la fixation des particules élastiques de l'air à la forte attraction des particules sulphureuses dont, selon le chevalier Newton, les corps abondent tous plus ou moins... Le soulfre enflammé attire puissamment et fixe les particules élastiques de l'air ; l'huile et la fleur de soufre doivent donc contenir une grande quantité d'air non élastique, puisque la première se fait en brûlant le soufre sous une cloche et la seconde en le sublimant. »

(1) Lavoisier, *Précis historique sur les émanations élastiques qui se dégagent des corps pendant la combustion, pendant la fermentation, et pendant les effervescences*, Ch. III (*Opuscules physiques et chymiques*, par M. Lavoisier, de l'Académie Royale des Sciences. Tome Premier. Paris, MDCCLXXIV. P. 12).

(2) S. Hales, *La Statique des Vegétaux*, pp. 198-199.

(3) S. Hales, *Op. laud.*, p. 253 et p. 252.

« Il est encore évident, ajoutait Hales (1), que les particules aériennes et sulphureuses du feu, pénètrent et logent dans plusieurs corps, par l'exemple du minium ou du plomb rouge, qui augmente en pesanteur d'environ une vingtième partie par l'action du feu ; la rougeur qu'il acquiert indique l'addition d'une grande quantité de souffre... ; mais, outre ce souffre, le plomb rouge s'approprie encore une bonne quantité d'air qui s'incorpore avec lui et contribue à l'augmentation de son poids. »

Déclarer que toute combustion fixe de l'air sur le corps qui l'éprouve ; qu'elle donne donc un produit où de l'air se trouve incorporé et privé de l'élasticité gazeuse ; enfin que cette absorption d'air explique l'accroissement de poids des métaux calcinés, c'était assurément se faire avant-coureur de Lavoisier. C'était encore précéder ce grand chimiste que d'opposer cette supposition à la théorie du phlogistique, et c'est ce que Hales ne manque pas de faire ; mais ce n'est pas à Stahl qu'il emprunte la formule de cette théorie ; c'est à Louis Lemery ; après avoir, de celui-ci, cité le passage que nous rapportions tout à l'heure, le chimiste anglais poursuit en ces termes (2) :

« Si le feu résidait dans le soulfre sous la forme d'un corps distinct et particulier, comme M. Homberg, M. Lemery et quelques autres le conçoivent, ces matières sulphureuses devraient, en brûlant, raréfier l'air qui les environne, tandis que, par les expériences précédentes, on a vu qu'elles condensent et absorbent toujours une bonne partie de l'air élastique ; preuve qu'il ne réside

(1) S. Hales, *Op. laud.*, p. 142.
(2) S. Hales, *Op. laud.*, p. 244.

dans le soufre aucune matière qui soit, par elle-même, le feu et la flamme. »

Instruit par ses multiples recherches, Stephen Hales, avec une admirable clairvoyance, s'efforçait de convaincre les chimistes qu'il faut surtout étudier et mesurer la formation ou l'absorption des divers airs au cours des réactions.

« Puisque l'air se trouve en si grande abondance dans presque tous les corps, disait-il (1), ne pouvons-nous donc adopter ce Protée, tantôt fixe, tantôt volatil, et le compter parmi les principes chymiques, en lui donnant le rang que les chymistes lui ont refusé jusqu'à présent, d'un principe très actif, aussi bien que le soulfre acide?

» Si ceux qui perdent malheureusement leur tems et leur bien à la recherche d'une production imaginaire, dans l'idée de transformer tout en or, avaient, au lieu des travaux infructueux, employé leur tems et mis leurs soins à travailler sur cet Hermès volatil qu'ils ont toujours négligé, et qui leur a si souvent cassé des vaisseaux pour en sortir, et s'en exhaler sous forme d'un esprit subtil et d'une vapeur blanche et explosive, ils auroient, au lieu de la récolte de la vanité, moissonné, dans le cours de leurs recherches, les lauriers qui sont dûs aux découvertes brillantes et utiles. »

C'était signaler derechef aux chimistes le chemin que Jean Rey leur avait « tout premier desfriché et rendu royal », où Jean Mayow avait fourni une si audacieuse étape. Malheureusement, Stéphen Hales, tout en discernant avec bonheur la voie qui devait conduire à la vérité, n'avait pas connu l'art d'y progresser; il avait accumulé une multitude d'expérience; mais il avait

(1) S. Hales, *Op. laud.*, pp. 267-268.

sans cesse ignoré comment il les faut enchaîner et combiner si l'on en veut déduire des conclusions certaines; comme le trop vanté Francis Bacon, comme Boyle, comme nombre d'Anglais, il n'avait pas compris que les faits sont sans valeur si le raisonnement n'en tire le métal précieux dont ils sont le minerai. Hales avait lu l'œuvre de Jean Mayow (1); il n'avait pas vu quel jour la doctrine de cet auteur pouvait jeter sur ses propres observations; bien plus, il s'était efforcé de ruiner cette théorie. « L'on ne doit pas, disait-il (2), attribuer à la perte de l'*esprit vital* de l'air, l'extinction de la flamme de la chandelle et des mèches sous des récipiens, mais aux vapeurs fuligineuses et acides dont l'air se charge, et qui détruisant l'élasticité de cet air, empêchent et retardent le mouvement élastique du reste. »

Par là, notre auteur refusait de suivre Mayow sur la route au terme de laquelle était la Chimie de Lavoisier; cette route, il eut, du moins, le mérite de la recommander à ses successeurs.

Peu s'en fallut que le P. Béraut ne s'y engageât.

V. — Le P. Béraut

Au XVIIIe siècle, c'était compagnie animée d'une grande curiosité scientifique que l'Académie de Bordeaux; l'influence de Montesquieu, celle de son fils Secondat, avivaient cette curiosité et la dirigeaient vers les questions les plus dignes, à ce moment, de l'attention des savants; aussi advint-il souvent que, dans le

(1) S. Hales, *Op. laud.*, p. 202.
(2) S. Hales, *Op. laud.*, p. 233.

choix des sujets proposés pour ses prix, l'Académie de Bordeaux devançât l'Académie des Sciences de Paris.

Dans ses *Observations de Physique et d'Histoire naturelle*, Secondat s'était occupé du poids que le régule d'antimoine gagne pendant la calcination. Ce fut lui, sans doute, qui, pour sujet du prix à décerner en 1747, fit choisir « la cause de l'augmentation de poids que certaines matières éprouvent dans leur calcination. » Le prix fut remporté « par le R. P. Béraut, Jésuite, professeur de Mathématiques dans le Collège de Lyon. » En 1748, le même P. Béraut devait être vainqueur du concours ouvert « Sur le rapport qui se trouve entre la cause des effets de l'aiman et celle des phénomènes de l'électricité. »

A l'appui des idées qu'il propose (1), le P. Béraut n'apporte pas d'expériences nouvelles ; mais il est fort érudit et, souvent, raisonne avec justesse.

Il argumente vivement contre le système de Boyle; il prouve successivement que « les corpuscules du feu ne sçauroient être la cause de l'augmentation sensible de poids que l'on observe dans les corps calcinez » et que « les rayons du Soleil n'augmentent pas par leur pesanteur le poids des matières calcinées au foyer d'un verre ardent. » Plus malencontreusement, sans connaître Jean Rey, il en combat l'opinion ; il prétend que

(1) *Dissertation sur la cause de l'augmentation de poids, que certaines matières acquièrent dans leur calcination, qui a remporté le prix au jugement de l'Académie Royale des Belles Lettres, Sciences et Arts*, par le R. P. Béraut Jésuite, Professeur de Mathématiques dans le Collège de Lyon. A Bordeaux chez Pierre Brun, Imprimeur Aggrégé de l'Académie Royale, ruë Saint-Jâmes. MDCCXLVII. Avec privilège du Roy.

« la pesanteur de l'air ne contribue point à augmenter le poids des corps calcinez » ; il lui semble, en effet, que, pour maintenir une si grande masse d'air condensée dans la chaux de plomb, il faille une énorme pression, et cette pression, l'atmosphère ne la fournit pas.

Selon le P. Béraut, « la véritable et l'unique cause de ce phénomène physique vient des corps étrangers répandus dans l'air, qui, par l'action du feu, se réunissent aux parties des corps calcinez. » Dilaté par le feu, débarrassé par lui des vapeurs aqueuses dont il était imprégné, l'air « n'a plus la force de soutenir dans ses pores les parties pesantes de sel et de nitre : ces petites masses s'échappent de côté et d'autre... : elles s'accumulent, elles tombent précipitamment sur le corps contre lequel le feu agit ; elles pénètrent aisément dans ses pores propres à les recevoir, et extrêmement dilatez par le feu. »

Dans cette opinion, on découvrirait sans peine une ressemblance avec celle de Jean Mayow ; mais l'enseignement de Boyle y laisse aussi sa marque ; le P. Béraut croit, en effet, que certaines de ces particules répandues dans l'air peuvent traverser même le verre, produisant ainsi « l'augmentation de poids que l'on observe dans les métaux calcinez dans de pareils récipiens bien bouchez. »

Toutes ces recherches sur l'augmentation de poids des métaux qu'on calcine n'avaient point fait avancer, peut-être, la solution de la question qu'elles prétendaient résoudre ; du moins avaient-elles sans cesse, sur cette question, ramené l'attention des chimistes et troublé la confiance qu'ils accordaient au système du phlogistique.

Car, de plus en plus, on recourait à ce système pour

expliquer toutes les réactions, dût-on, pour cela, multiplier et compliquer à l'excès les indécises propriétés de l'hypothétique matière du feu.

VI. — Frédéric Meyer et la théorie du causticum

Il arrivait même qu'à côté de la théorie du phlogistique, d'autres théories se formaient à son image.

A Édimbourg, par de très ingénieuses expériences, le Bordelais Joseph Black (1728-1799) avait montré (1) pourquoi la soude et la potasse, la magnésie et la chaux perdent leur causticité lorsqu'elles demeurent longtemps exposées à l'air ; ces alcalis se neutralisent en se combinant à un corps dont van Helmont avait déjà reconnu la présence dans l'atmosphère et qu'il regardait avec raison comme engendré par la combustion du charbon : ce corps, en faveur duquel le chimiste hollandais avait créé le nom de *gaz* et qu'il avait appelé *gaz sylvestre*, Black l'appelait *air fixe ;* aujourd'hui, nous le nommons anhydride carbonique.

Évidemment guidé par le désir de copier la théorie du phlogistique, un apothicaire d'Osnabruck, Frédéric Meyer (2), proposait, des mêmes faits, une explication inverse de celle de Black.

(1) Black, comme Rouelle, négligeait de publier ses leçons ; elles ont été, après sa mort, rédigées par un de ses élèves et imprimées à Édimbourg, en 1803, sous ce titre : *Lectures on the Elements of Chemistry, delivered in the University of Edimburgh, by the late* J. Black ; *new published from his manuscripts, by* John Robison, *professor of Natural Philosophy.*

(2) L'ouvrage de Meyer parut en 1764, à Hanovre et à

Au gré de Black, si la chaux vive, au contact de l'air, perd peu à peu sa causticité et redevient un corps tout semblable à la pierre à chaux, c'est qu'elle absorbe le *gaz sylvestre* ou *air fixe* et se combine avec lui. Au gré de Meyer, si la pierre à chaux, fortement chauffée, se convertit en chaux caustique, ce n'est pas qu'elle perde quelque substance ; c'est, bien au contraire, parce qu'elle s'unit à un corps qu'elle ne contenait pas, à l'*acidum causticum*. « La chaux (1) est composée d'une terre calcaire et d'une substance qui, par le feu, s'est attachée à la terre calcaire. Cette substance est une matière toute particulière, qui se distingue de tous les autres corps. »

Ce *causticum*, d'où provient-il ? Des charbons incandescents à l'aide desquels on chauffe la pierre à chaux pour la transformer en chaux vive ; en effet, « c'est la même substance (2), inconnue jusqu'ici, laquelle s'en va imperceptiblement dans l'air, soit d'un charbon ardent, soit d'une flamme pure. »

Leipsick, sous ce titre : *Chymische Versuche zur nähern Erkenntniss des ungelöschten Kalks, der elastischen und elektrischen Materie*, etc. Nous le citons d'après la traduction suivante :

Essais de Chymie, sur la chaux vive, la matière élastique et électrique, le feu, et l'acide universel primitif ; avec un supplément sur les Éléments : Traduits de l'Allemand de M. Friedrich Meyer, Apothicaire à Osnabruck. Par M. P. F. Dreux, ancien Apothicaire, Aide-Major des Armées du Roi en Allemagne. A Paris. Chez G. Cavelier. MDCCLXVI.

(1) F. Meyer, *Op. laud.*, Ch. XXII. Répétition de la notion touchant l'*acidum pingue* et ses propriétés, en même temps que l'avantage de sa connaissance. T. II, pp. 6-7.

(2) F. Meyer, *loc. cit.*

Comment douter, en effet, qu'un charbon ardent ne laisse continuellement échapper une matière subtile qui se dissipe dans l'air environnant ?

« Un charbon ardent (1), qui pèse huit dragmes, laisse, après son entier embrasement à l'air libre, seulement un demi dragme de cendre. On demande avec raison quelle est cette substance qui, sans être aperçue, sans flamme, sans fumée ni suie, est passée, des charbons embrasés et consumés, dans l'air, laquelle pesoit pourtant sept dragmes et demie, lorsqu'elle était présente dans le charbon ? Ce ne peut pas être de l'eau... Ce ne peut pas être de l'air... Ce ne peut pas être de la suie... Ce ne peut pas être de la terre... Ce ne peut pas être non plus de l'huile... Enfin ce ne peut être aucun soufre actuel...

» Quelle matière peut donc être cela ? C'est, sans doute, une matière tout à fait singulière et que nous ne connaissons pas encore. »

Cette question ne serait pas pour embarrasser un disciple de Stahl ; il répondrait que cette substance perdue dans l'air ambiant par un charbon qui brûle, c'est le phlogistique ; à ce phlogistique, il identifierait le prétendu *causticum* de Meyer ; il l'identifierait d'autant plus volontiers que, dans le livre de l'apothicaire d'Osnabruck, il lirait des propositions telles que celle-ci (2) : « De tous les corps inflammables, dans tous les règnes de la nature, le *causticum* s'en va dans l'air pendant leur combustion, ou bien il s'attache à d'autres corps

(1) F. Meyer, *Op. laud.*, Chapitre XVII. Démonstration que le *causticum* provient du feu. T. I, pp. 260-262.

(2) F. Meyer, *Op. laud.*, Ch. XIX. Des circonstances où le *causticum* se sépare des corps combustibles pendant leur combustion actuelle. T. I, p. 302.

qui lui sont présentés et qui sont capables de le prendre. »

Entre le phlogistique et la matière qui se dégage des charbons incandescents, Meyer repousse toute assimilation (1) : « Mais pourroit peut-être répondre quelqu'un, que la *matière en question seroit le phlogistique*. Mais il est à présumer que cette question retourneroit bientôt dans sa première obscurité, si l'on venoit à demander ce que c'est que le phlogistique ? Ce devroit être une matière inflammable bien surprenante qui, des charbons embrasés, s'attacheroit en abondance à la matière calcaire sans pouvoir la brûler. »

En revanche, notre chimiste n'hésite pas à confondre son *causticum* avec le *gaz sylvestre* de Van Helmont (2). Il est bien vrai que ce *gaz sylvestre* ou *air fixe* est le fluide produit par des charbons qui brûlent dans l'air ; mais il est non moins vrai que cet air fixe, bien loin de convertir la pierre à chaux en chaux vive, se combine avec celle-ci en lui faisant perdre sa causticité ; les expériences de Black l'eussent appris à tout chimiste moins buté que l'apothicaire d'Osnabruck.

Comment le *causticum* produit par les charbons du foyer peut-il se combiner à la pierre à chaux pour en faire de la chaux vive, même si la pierre à chaux est séparée du feu par les parois d'une cornue ? « Il n'y a rien à objecter (3) à tout ceci de ce que la terre calcaire

(1) F. Meyer, *Op. laud.*, Ch. XVII. Démonstration que le *causticum* provient du feu. T. I, p. 262.

(2) F. Meyer, *Op. laud.*, Ch. XIX. Des circonstances où le *causticum* se sépare des corps combustibles pendant leur combustion actuelle. T. I, p. 313.

(3) F. Meyer, *Op. laud.*, Ch. XVII. Démonstration que le *causticum* provient du feu. T. I, p. 263.

devient au feu chaux actuelle, même dans un vaisseau fermé. Car comme tous les vaisseaux s'étendent et élargissent leurs interstices dans le feu, surtout dans un embrasement aussi violent qu'il le faut pour calciner la chaux, il n'est pas difficile de comprendre que le subtil *causticum* pénètre au travers des vaisseaux, et qu'il puisse s'attacher à la terre calcaire. »

La chaux vive n'est pas la seule substance qui contienne évidemment du *causticum* ; nous en devons reconnaître la présence dans la soude, dans la potasse, dans tous les corps qui manifestent des propriétés alcalines ou basiques ; il doit, en particulier, se rencontrer dans les chaux métalliques qui possèdent de telles propriétés ; un métal se convertit en chaux par son union avec le *causticum* que lui fournit le foyer.

« Si l'on m'accorde, dit Meyer (1), que le *causticum* de la chaux vient du feu, et qu'il s'y unit avec la terre calcaire comme un acide particulier, l'on pourra aussi m'accorder qu'il peut de même s'attacher aux métaux comme à des corps qui s'unissent aux acides aussi bien que la terre calcaire, et particulièrement aussi le *causticum*, qui, comme un mixte ressemblant au soufre, doit, comme le soufre commun, se lier très volontiers avec les métaux.

» L'expérience apprend aussi que les chaux des métaux, rougies longtemps au feu, contiennent le même *causticum* que contient la chaux. Nous en trouvons la preuve la plus convainquante dans le minium et la litharge, comme la chaux de plomb, sur qui le feu et

(1) F. MEYER, *Op. laud.*, Ch. XVIII. Continuation de la démonstration que le *causticum* provient du feu. T. I, pp. 290-291.

la flamme ont passé longtemps dans la réverbération. »

La théorie du *causticum* prend ici le contrepied de la théorie du phlogistique ; au gré de celle-ci, un métal qui se convertit en chaux perd le phlogistique qu'il contenait ; au gré de celle-là, il gagne du *causticum*. L'augmentation de poids d'un métal qu'on calcine n'embarrasse donc plus l'apothicaire d'Osnabruck ; le poids qui s'est ajouté, c'est celui du *causticum* qui, venu des charbons du foyer, a traversé les parois du vase où se faisait la calcination, et s'est uni au métal.

« Le *causticum*, écrit Meyer (1), a une pesanteur ou du poids. Tout ce qui est corps a aussi de la pesanteur. Son poids se donne à connaître clairement... en ce que la chaux de plomb calcinée et réverbérée... pèse davantage que ne pesoit le métal avant la calcination, sans compter ce qui s'en est allé néanmoins du métal dans le feu... Quoique Kunckel se moque mille fois et traite de sots ceux qui attribuoient le poids excédent de ces chaux calcinées aux particules de feu, lesquelles devoient s'être glissées au travers du vaisseau. » Par ces paroles, notre auteur rattache clairement son système à celui de Robert Boyle. De la doctrine de Stahl à la doctrine de Boyle, la Chimie, pendant tout le XVIIIe siècle, se voit balancée par une oscillation perpétuelle.

« Je pense donc, écrit Meyer (2), que le *causticum*, comme un mixte de la première espèce, est une substance saline, subtile, volatile, laquelle est composée d'un acide, qui est uni le plus intimement avec la plus pure

(1) F. Meyer, *Op. laud.*, Ch. XXII. Répétition de la notion touchant l'*acidum pingue* et ses propriétés, en même temps que l'avantage de sa connaissance. T. II, pp. 12-13.

(2) F. Meyer, *Op. laud.*, Ch. XX. Qu'est-ce que le *causticum*, et d'où il est composé ? T. I, pp. 333-364.

matière du feu. Je le regarde comme un mélange analogue au soufre, et qui est distinct de tous les autres corps de l'Univers, qui est indissoluble et indestructible, et que l'on peut appeler, dans toute la signification du mot, un *acidum pingue*.

» La matière ignée du *causticum* doit être la plus fine et la plus pure matière du feu, en ce qu'elle ne donne point avec l'acide aucun corps ferme et solide, mais une substance pénétrante, très subtile et très volatile ; parce qu'elle peut pénétrer au travers de tous les vaisseaux rouges et embrasés, qui ordinairement ne laissent pas passer les esprits minéraux et autres esprits subtils. Il doit être aussi pur et aussi privé de tout autre corps que l'on peut se l'imaginer, excepté de son acide...

» Mais où prends-je ces particules de feu si pures et si subtiles ? Je ne sais, et ne puis trouver rien de plus fin et de plus pur dans toute la nature que la matière de la lumière.

» La matière de la lumière est-elle donc une matière du feu ? Oui assurément, je le crois, si mes sens ne me trompent point. Le verre ardent me montre que la lumière des rayons du soleil n'est autre chose qu'une lumière concentrée. Si cela est vrai, je ne vois aucune différence entre les particules de la lumière et les particules pures du feu...

» Cette pure matière du feu et un acide sont liés dans le *causticum* d'une manière inséparable et indestructible... L'on peut aisément croire qu'il n'est pas possible de décomposer le *causticum* par le feu, et qu'il ne peut pas être séparé en ses deux principes... Il ne peut pas être séparé ni par acide ni par sel alkali. Il se laisse à la vérité transposer d'un corps dans un autre ; il leur communique d'autres propriétés ; il s'empare d'autres particules subtiles, et il fait avec elles de nouveaux corps concrets; mais il reste inaltérable dans tous les mélanges, et quand, en se séparant du corps avec qui il étoit uni, il ne trouve rien devant soi de plus commode pour s'y unir, il s'en va, sans être décomposé, dans l'air, où il trouve suffisamment de l'eau et de la matière subtile avec lesquelles il peut se lier et s'unir...

» J'ai traité, jusqu'à présent, des principes de la substance salino-caustique de la chaux, et je l'ai comprise, jusqu'ici, sous le seul nom de *causticum* pour éloigner toute prolixité, et il ne s'agit encore ici que de savoir comment on veut nommer cette matière qui se trouve en si grande abondance et qui n'est aucunement chimérique...

» Les Anciens appeloient la matière du feu un *acidum pingue*. L'Éther des Anciens n'étoit pas, non plus, autre chose que celui-ci. Ils parloient d'un acide du feu, d'un esprit du feu. Van Helmont appeloit cette substance inconnue qui s'en alloit du feu, *gas*. Hoffmann parle d'un sel éthéré du feu. On pourroit peut-être l'appeler aussi sel ou soufre primitif, soufre incombustible, matière la plus proche du feu, et lui donner plusieurs noms de la sorte, et tant d'autres dénominations semblables qui peuvent convenir à cette substance. Quant à moi, je ne veux pas lui ôter le nom que lui ont donné les Pères de la Chymie, et par honneur pour leur pénétration, je veux l'appeler dorénavant *acidum pingue*...

» Il paroît ainsi qu'il se trouve dans la nature un *pingue*, que les Modernes n'ont pas voulu accorder aux Anciens. Oui, peut-être la pure et simple matière de la lumière est-elle ce même *pingue* dont l'*acidum pingue* reçoit lui-même sa graisse. »

Lavoisier a dit du livre de Meyer (1) : « Ce traité contient une multitude d'expériences, la plupart bien faites et vraies, d'après lesquelles l'auteur a été conduit à des conséquences toutes opposées à celles de M. Hales, de M. Black et de M. Macbride. Il est peu de Livres de Chymie moderne qui annoncent plus de génie que celui de Meyer ; et si ses idées étaient adoptées, il n'en résulteroit rien moins qu'une nouvelle théorie directement contraire à celle de Stalh et de tous les Chymistes modernes. »

A l'égard de l'apothicaire d'Osnabruck, ce jugement est assurément d'une surprenante indulgence. La théorie du *causticum* n'est, à vrai dire, qu'une imitation de la théorie du phlogistique ; disons mieux, elle en est une caricature ; sans en partager les nombreux avantages, elle en exagère les défauts.

Deux vices de méthode avaient faussé non seulement le système du phlogistique, mais encore bon nombre des systèmes enfantés par la Chimie du XVIIIe siècle.

En premier lieu, les Chimistes se gardaient bien de peser, avant et après chaque réaction, les diverses substances qui avaient pris part à cette réaction ; ils se condamnaient donc à ignorer quelles, parmi ces substances, avaient gagné de la matière, quelles en avaient perdu.

En second lieu, les observateurs tenaient le verre pour perméable à certains fluides qui pouvaient ainsi soit s'échapper de la cornue où s'accomplissait quelque opération, soit y pénétrer.

Il suffisait alors aux théoriciens qu'une hypothèse

(1) LAVOISIER, *Précis historique sur les émanations élastiques*... Ch. XI (LAVOISIER, *Opuscules physiques et chymiques*. Paris, 1774, p. 60).

s'accordât avec quelques expériences pour qu'il lui accordassent pleine confiance. A mainte contradiction qui eût réduit à néant leur hypothèse favorite le premier défaut de leur méthode ne permettait pas de se produire Si, cependant, quelque objection parvenait à surgir, le second défaut fournissait toujours une échappatoire commode pour l'éviter.

Avec justice, Guyton de Morveau pouvait dire de Meyer (1) : « J'ai remarqué qu'il accordoit ou refusoit arbitrairement à son *causticum* la propriété de passer à travers les vaisseaux. » D'autres en usaient tout aussi librement soit avec la matière du feu, soit avec le phlogistique.

La doctrine du *causticum* est un exemple remarquable des constructions arbitraires et sans consistance que ces deux défauts laissaient aux chimistes le loisir d'édifier ; c'est par là, et par là seulement qu'elle est intéressante. C'est en proscrivant ces deux défauts avec une extrême rigueur que Lavoisier a pu, à chaux et à sable, bâtir les premières assises de la Chimie moderne ; on comprend malaisément qu'il ait regardé avec quelque complaisance le rêve de Meyer.

VII. — Le P. Beccaria

La théorie du *causticum* n'était pas encore échafaudée dans l'imagination germanique de son auteur, que le bon sens du P. Jean-Baptiste Beccaria (1716-1781), par une admirable expérience, réfutait la plupart des idées erronées dont vivait la Chimie du xviiie siècle ; il

(1) Guyton de Morveau, *Digressions académiques*, p. 128.

prouvait que l'accroissement de poids d'un métal chauffé en vase clos est entièrement dû à l'air qui, tout d'abord, remplissait le récipient, et qui s'est uni au métal calciné.

De cette expérience, empruntons le récit à la lettre que, le 12 novembre 1774, l'auteur adressait à Lavoisier ; celui-ci l'a reproduite à la fin de son mémoire *Sur la décomposition de l'air par l'étain* (1).

« Je crois, disait le religieux italien, devoir vous indiquer une expérience par laquelle j'ai démontré depuis longtemps l'*incalcinabilité* des métaux dans les vaisseaux fermés...

» Je fonds de la raclure d'étain dans une bouteille de verre très forte, scellée hermétiquement ; il s'y forme une pellicule de *chaux* très mince, mais elle n'augmente pas davantage. Si, à cette bouteille, je soude hermétiquement des vaisseaux de verre, la portion de *chaux* qui se forme croît en proportion de leur capacité ; la somme totale du poids (en ayant la précaution d'enlever de la bouteille le léger enduit que forme la flamme de l'esprit de vin dont je me sers pour cette opération) reste la même ; mais les flacons ajoutés qui, avant la *calcination*, se trouvaient en équilibre avec la bouteille sur un certain point, cessent d'y être après l'opération ; les flacons se trouvent plus légers et la bouteille emporte. »

Avec une grande sagacité, Beccaria avait évité les deux défauts qui viciaient si souvent les recherches de ses prédécesseurs ; aussi une seule expérience lui avait-elle suffi à ruiner aussi bien les systèmes connus de Robert Boyle et de Stahl que le système à venir de Meyer.

Personne ne remarqua cette épreuve capitale. L'au-

(1) Lavoisier, *Mémoires de Chimie*, p. II, pp. 60-61.

teur ne l'avait pas publiée lui-même ; il l'avait communiquée à son ami Cigna, et celui-ci, en 1759, l'avait contée (1) à la Société scientifique qu'il venait de fonder à Turin, en compagnie de Lagrange et du Comte de Saluces ; on ne fit point attention à cette remarque glissée dans les Mémoires d'une toute jeune société privée. Lorsque Beccaria revendiqua ses droits de priorité auprès de Lavoisier et que celui-ci s'empressa de les reconnaître, le grand chimiste français avait retrouvé et démontré par ses propres moyens la vérité que le physicien italien avait, de si ingénieuse façon, mise en évidence. Après Jean Rey et Jean Mayow, Beccaria fournit un nouveau maillon à la chaîne des divinations inutiles qu'ont produites les précurseurs de Lavoisier (2).

Cependant, tout l'intérêt des chimistes continuait de se porter vers la doctrine que Stahl avait formulée.

(1) *Miscellanea philosophica-mathematica Societatis privatæ Taurinensis*, t. II, p. 176.

(2) B. Menchoutkine (*Journal de la Société Chimique Russe*, 1904, 2e partie, p 271) a prouvé que, dès 1756, Lomonossof avait exprimé, touchant l'augmentation de poids des métaux calcinés, des idées analogues à celles de Lavoisier : Lomonossof fut donc, lui aussi, un de ces précurseurs ignorés et privés d'influence que la Chimie moderne a comptés en si grand nombre.

Nous empruntons ce renseignement à l'ouvrage suivant : A. Ladenburg, *Histoire du développement de la Chimie depuis Lavoisier jusqu'à nos jours*. Trad. sur la 4e édition allemande par A. Corvisy. Paris, 1914, p. 19, en note. — Dans cette Histoire, le célèbre professeur de l'Université de Breslau a su payer un juste tribut d'admiration non seulement à Lavoisier, mais aux autres maîtres illustres de la Chimie française.

VIII. — GUYTON DE MORVEAU

A l'Académie des Sciences, Arts et Belles Lettres de Dijon, on était grandement épris de la doctrine phlogisticienne; aussi en 1764, un membre de cette Académie, M. de Chardenon, après avoir réfuté point par point le mémoire du P. Béraut, entreprit-il (1) de montrer, dans la venue ou la perte du phlogistique, la seule cause du changement de poids qui accompagne la calcination des métaux ou la réduction des chaux. Après avoir esquissé une explication que devait reprendre son ami Guyton de Morveau, il en était venu à proposer l'hypothèse que voici : L'attraction que la terre exerce sur un corps n'est pas simplement, comme le pensait Newton, proportionnelle à la masse de ce corps, sans que la nature de cette masse influe le moins du monde sur la valeur du coefficient de proportionnalité; ce

(1) GUYTON DE MORVEAU, *Dissertation sur le Phlogistique, considéré comme Corps grave, et par rapport aux changements de pesanteur qu'il produit dans les corps auxquels il est uni* (*Digressions Académiques; ou Essais sur quelques sujets de Physique, de Chymie et d'Histoire naturelle.* Par M. GUYTON DE MORVEAU, Avocat Général au Parlement de Dijon, Honoraire de l'Académie des Sciences, Arts et Belles Lettres de la même Ville, Correspondant de l'Académie Royale des Sciences de Paris. A Dijon, Chez L. N. Frantin, Imprimeur du Roi. Et se vend, à Paris, Chez P. F. Didot le Jeune, Quai des Augustins. MDCCLXII. Pp. 2-3 et 116-122. — La *Dissertation* de Guyton de Morveau est un exposé historique prodigieusement érudit et une discussion très sagace de toutes les tentatives faites jusqu'alors pour expliquer l'augmentation de poids des métaux pendant la calcination.

coefficient est, au contraire, plus grand ou plus petit selon que la masse attirée est plus pauvre ou plus riche en phlogistique.

C'était, en faveur de la théorie du phlogistique, bouleverser la doctrine newtonienne de la gravitation universelle, c'est-à-dire le chapitre le plus parfait de la Physique. Guyton de Morveau trouva trop aventureuse l'hypothèse de Chardenon; il crut que la doctrine de Stahl pouvait être sauvée à moindres frais.

C'était un homme de sens et de méthode que Guyton de Morveau, avocat général au Parlement de Dijon et correspondant de l'Académie des Sciences de Paris (1737-1816). Convaincu de l'exactitude de la Chimie phlogisticienne, au progrès de laquelle il a consacré tous ses soins, il a vu, peu à peu, Lavoisier construire, à l'aide d'expériences très précises, l'édifice d'une nouvelle Chimie. Alors, en 1786, il est parti pour Paris. Au cours de ce voyage, « il a répété, avec le plus grand soin, les expériences qui servent de base à la nouvelle doctrine : celle de la combustion du charbon dans le gaz oxigène ou air vital, et de sa transformation totale en gaz acide carbonique; celle de la combustion de l'esprit de vin, dont le résultat donne un poids d'eau plus grand que celui de la liqueur employée. Il a discuté, avec une logique sévère, les preuves de la formation de l'eau par la combustion du gaz hydrogène ou inflammable, et du gaz oxigène, de même que celles de sa décomposition et de la séparation des deux élémens qui la constituent.

(1) *Essai sur le Phlogistique, et sur la constitution des acides, traduit de l'Anglais de* M. Kirwan; *avec des notes de* MM. de Morveau, Lavoisier, de la Place, Monge, Berthollet et de Fourcroy. Paris, 1788, pp. VIII-IX.

Ces expériences, qui s'expliquent de la manière la plus simple et la plus naturelle dans la nouvelle doctrine, lui ont paru plus que suffisantes pour lui faire abandonner l'hypothèse du phlogistique. »

En 1782, avant sa conversion, il avait préparé une réforme de la nomenclature chimique ; il a maintenant compris que la langue de la Chimie devait désormais demander ses règles à la doctrine de Lavoisier ; tout aussitôt, « il a offert le sacrifice (1) de ses propres idées, de son propre travail ; et l'amour de la propriété littéraire a cédé chez lui à l'amour de la science ». Au sein de la commission nommée par l'Académie des Sciences, en collaboration avec Lavoisier, Berthollet et Fourcroy, il a forgé ce merveilleux langage qui devait si grandement contribuer à mettre de l'ordre et de la clarté dans le chaos des faits chimiques.

Mais au temps dont nous allons maintenant parler, Lavoisier songeait à peine aux premières expériences d'où sa doctrine devait sortir. Rien ne troublait encore la confiance que Guyton de Morveau accordait au système de Stahl. Le désir d'accorder l'hypothèse du phlogistique avec certains faits qui, si nettement, la condamnaient fit que l'Avocat Général de Dijon donna dans une erreur enfantine. C'est pour exposer cette erreur qu'il lut en 1772, à l'Académie de Dijon, une très savante

(1) *Méthode de nomenclature chimique, Proposée par* MM. de Morveau, Lavoisier, BertholLet et de Fourcroy. *On y a joint Un nouveau Système de Caractères Chimiques, adaptés à cette Nomenclature, par* MM. Hassenfratz et Adet. A Paris, Chez Cuchet, MDCCLXXXVII. Mémoire sur la nécessité de réformer et de perfectionner la nomenclature de la Chimie, lu à l'Assemblée publique de l'Académie Royale des Sciences du 18 avril 1787, par M. Lavoisier. Pp. 4-5.

Dissertation sur le Phlogistique, considéré comme corps grave, et par rapport aux changements de pesanteur qu'il produit dans les corps auxquels il est uni.

Le phlogistique, au gré de Morveau, est un corps éminemment volatil et beaucoup moins lourd que l'air; par conséquent, lorsqu'il s'est uni à une chaux pour former un métal, l'assemblage des deux corps (1) doit sembler, *dans l'air*, moins pesant que le métal seul.

Cette raison serait valable si le volume du composé formé par une chaux métallique et le phlogistique était égal à la somme des volumes des corps composants; mais alors un métal devrait toujours avoir un poids spécifique beaucoup moindre que celui de sa chaux; or c'est précisément le contraire qui a lieu, comme Guyton de Morveau s'applique lui-même à le prouver.

L'explication qu'il avait présentée était inadmissible; elle péchait contre les plus simples éléments de la Mécanique. Si l'on voulait que la calcination d'un métal provînt d'une perte de phlogistique et, en même temps, que cette calcination produisît une augmentation de poids, il fallait, de toute nécessité, revenir à l'hypothèse de Chardenon; il fallait admettre que, sur une masse de valeur donnée, la terre n'exerce pas même attraction selon que cette masse renferme du phlogistique ou qu'elle n'en contient pas. Ce qu'on pouvait alors supposer de plus simple, c'est que le phlogistique n'est pas un corps grave, mais bien un corps léger; c'est que l'action de la terre sur un corps phlogistiqué résulte de deux forces contraires, une attraction exercée sur toute matière qui n'est point phlogistique, et une répulsion appliquée au phlogistique.

(1) Guyton de Morveau, *Digressions académiques*, pp. 134-178.

Gren et Black ne reculaient pas devant cette conséquence; au phlogistique, ils attribuaient une gravité négative.

Assurément, cette supposition ne présente, en soi, rien d'absurde ; l'électricité positive attire l'électricité négative et repousse l'électricité positive ; le magnétisme austral attire le magnétisme boréal et repousse le magnétisme austral ; on pouvait donc admettre, sans déraisonner, que la matière déphlogistiquée attirât la matière déphlogistiquée et repoussât le phlogistique ; on contredisait, il est vrai, à la théorie newtonienne de la gravité universelle, mais on ne donnait aucunement par là dans ce mysticisme anti-scientifique qu'on a cru bon, parfois, de reprocher aux partisans de la doctrine phlogisticienne.

Toutefois, doter le phlogistique d'une gravité négative, c'était, de ce principe hypothétique, affirmer ce que Stahl n'en eût pas avoué ; de son *phlogistos*, en effet, il faisait une terre qu'il croyait assurément pesante, comme toutes les terres.

Les tenants de la théorie du phlogistique en étaient donc réduits à contredire au créateur même de la doctrine. Dans ses *Détails historiques sur la cause de l'augmentation de poids qu'acquièrent les substances métalliques lorsqu'on les chauffe pendant leur exposition à l'air*, Lavoisier en faisait la remarque. « Il faut, disait-il (1), ou abandonner l'explication donnée par Guyton Morveau, ou aller jusqu'à supposer au phlogistique une pesanteur négative, une tendance à s'éloigner du centre de la terre ; supposition qui se trouve en contradiction avec tous les faits avoués et reconnus par les disciples de Stahl. »

(1) Lavoisier, *Mémoires de Chymie*, t. II, p. 83.

De ces disciples, d'ailleurs, Lavoisier ne faussait point, ne forçait point la pensée ; l'un des plus illustres, le grand Scheele, nous en est témoin ; dans son *Traité chimique de l'air et du feu* (1), en effet, il cite une supposition qui attribuait à un gain de phlogistique la diminution de densité d'un certain air ; « mais, ajoute-t-il, le phlogistique étant une matière, et la matière présupposant toujours la pesanteur, je doute que cette hypothèse soit fondée. »

Ainsi, pour sauver la doctrine du phlogistique des démentis qui lui infligeait l'expérience, on en venait non seulement à rejeter la Physique newtonienne, mais encore à contredire Stahl et ses plus illustres disciples ; par un prodigieux retour en arrière, on reprenait des pensées fort semblables à celles de Jérôme Cardan et de Jules-César Scaliger.

(1) *Traité chimique de l'air et du feu, par* Charles-Guillaume Scheele, *Membre de l'Académie Royale de Suède; avec une Introduction de* Torbern Bergmann, *Professeur de Chimie et de Pharmacie, Écuyer, Membre de plusieurs Académies : Ouvrage traduit de l'Allemand, par le Baron* de Dietrich, *Secrétaire-Général des Suisses et Grisons ; Membre du Corps de la Noblesse immédiate de la basse Alsace, Correspondant de l'Académie Royale des Sciences.* A Paris, Rue et Hôtel Serpente. MDCCLXXXI. P. 74.

CHAPITRE VIII

JOSEPH PRIESTLEY

Reconnaître, dans les deux phénomènes de la combustion et de la réduction, deux effets très généraux et réciproques l'un de l'autre, c'était, selon le professeur Ostwald, la tâche essentielle de la Chimie. Cette vérité, « la théorie du phlogistique l'exprimait à merveille. Elle a été comprise de cette façon par les chimistes d'alors. Un fait le prouve : Scheele et Priestley, qui ont découvert l'oxygène et qui étaient tous deux de purs expérimentateurs, ont accepté pendant toute leur vie la théorie du phlogistique dans laquelle ils avaient trouvé pour leurs expériences un excellent guide. »

Voyons de quelle façon les expériences de Priestley et de Scheele ont été guidées par la théorie du phlogistique.

A la fin de l'année 1772, le chimiste anglais Joseph Priestley (1733-1804) publiait le début de ses *Recherches sur différentes espèces d'air* (1). En 1774, au premier

(1) Les trois volumes des *Experiments and Observations of different Kinds of Air* parurent à Londres en 1774, 1775 et 1777. Le premier avait eu une première édition en 1772. Une traduction française en fut aussitôt donnée sous le titre : *Expériences et observations sur différentes espè-*

volume de ses *Opuscules*, Lavoisier présentait, aux chimistes français, un résumé très soigné de cet ouvrage.

« Le Traité de M. Priestley, disait Lavoisier (1), n'est, en quelque façon, qu'un tissu d'expériences, qui n'est presque interrompu par aucun raisonnement, un assemblage de faits, la plupart nouveaux, soit par eux-mêmes, soit par les circonstances qui les accompagnent. »

Cette manière de traiter la science plaît fort à maint esprit anglais ; la vue d'une masse énorme d'observations détaillées le réjouit, mais il n'éprouve aucun besoin de les relier les unes aux autres selon les règles d'une méthode logique. Cette forme d'intelligence se laissait déjà reconnaître chez Robert Boyle et chez Stéphen Hales. Priestley proclame hautement son amour du fait tout brut, son dédain pour toute interprétation qu'on en pourrait chercher, pour celle même qu'il en aurait donnée.

« Il faut à tout événement, dit-il (2), exciter aussitôt qu'il est possible la curiosité et la surprise des jeunes

ces d'air. Ouvrage traduit de l'Anglois de M. Priestley par M. Gibelin, *Docteur en Médecine*. Paris, tt. I, II et III, 1777 ; tt. IV et V, 1780.

Priestley donna ensuite ses *Experiments and Observations relating to various branches of Natural Philosophy, with a continuation of the Observations on Air*. T. I, London, 1779 ; tt. II et III, Birmingham, 1781 et 1786. Ce nouvel ouvrage fut traduit en français par Gibelin sous le titre : *Expériences et observations sur différentes branches de la Physique, avec une continuation des observations sur l'air*. Paris, tt. I et II, 1782.

Nos citations seront tirées de la traduction de Gibelin.

(1) Lavoisier, *Précis historique sur les émanations élastiques*, Ch. XV (Lavoisier, *Opuscules physiques et chymiques;* Paris, 1774 ; pp. 209-240).

(2) J. Priestley, *Expériences et observations sur dif-*

gens, et ne pas beaucoup s'inquiéter s'ils conçoivent ou non ce qu'ils voient. C'est assez, dans les commencemens, que les faits frappans fassent impression sur l'esprit, et se gravent dans la mémoire. Nous nous pressons toujours trop, à tout âge, de *concevoir*, à ce que nous croyons, les apparences qui se présentent à nous. Si l'on se contentoit de la simple connoissance de nouveaux *faits*, et qu'on suspendît son jugement relativement à leurs *causes*, jusqu'à ce qu'on fût conduit par l'analogie à la découverte de plus de faits de semblable nature, on marcheroit plus sûrement vers les connoissances réelles.

» Je ne prétends pas être irréprochable moi-même à cet égard ; mais je crois ne l'être pas moins que la plupart de mes confrères. Toutes les fois que j'ai tiré trop tôt des conclusions générales, j'ai été très prompt à les abandonner ; tous mes Ouvrages, et surtout celui-ci, peuvent en faire foi. J'ai souvent averti mes Lecteurs, et je ne saurois trop le leur répéter, qu'ils ne doivent regarder comme des découvertes que les nouveaux *faits*. Les simples *déductions* de ces faits ne sont d'aucune autorité ; et c'est à eux de tirer toutes les conséquences et de bâtir tous les systèmes qu'il leur plaira. »

La comparaison de l'œuvre de Lavoisier à celle de Priestley nous montrera que le seul moyen de bien observer un fait, sans rien y laisser d'accidentel et d'étranger et sans en rien laisser perdre, c'est de ne le point quitter qu'on ne l'ait clairement conçu. Toute l'histoire de la Chimie proclame la supériorité de ceux qui sont doués d'un raisonnement fort et juste sur ceux qui ont

férentes branches de la Physique. Préface de l'auteur, T. I, pp. XX-XXII.

seulement en partage l'habileté expérimentale ; pour parler comme Macquer, de ceux qui ont une tête sur ceux qui n'ont que des mains.

Aucun plan préconçu ne dirige les observations de Priestley ; rechercher, à l'exemple de Hales, toutes les réactions chimiques qui dégagent différentes espèces d'air ou, comme nous dirions aujourd'hui, diverses sortes de gaz ; du fluide donné par une préparation, reconnaître à la hâte une ou deux propriétés, puis s'empresser vers une nouvelle expérience ; noter des analogies, souvent apparentes et trompeuses, et les oublier tout aussitôt sans en avoir tiré de conséquences que l'observation pût contrôler ; c'est tout le procédé de notre auteur.

A papillonner de la sorte dans le champ de la Chimie, on risque fort de ne point reconnaître l'importance des faits qu'on découvre. Cette mésaventure fut souvent celle de Priestley. Lorsqu'il eut mis en évidence l'existence de son *air très pur*, c'est-à-dire de l'oxygène, cette pierre angulaire de toute la Chimie, il s'aperçut qu'il avait, à plusieurs reprises et depuis plusieurs années, manipulé ce gaz, sans soupçonner le moins du monde quelle riche trouvaille qu'il avait faite.

« Si l'on jette un coup d'œil, écrit-il en 1779 (1), sur les volumes que j'ai successivement publiés *sur les différentes espèces d'Air*, on verra que j'étais, dans le fait, en possession de cet air remarquable presque dès le commencement de mes recherches, comme on peut s'en assurer par les premiers Mémoires que j'envoyai à la Société Royale avant que j'en eusse formé un volume. Car on trouvera les caractères particuliers à cette espèce

(1) J. Priestley, *Expériences et observations sur différentes branches de la Physique*, t. I, pp. 222-223.

d'air dans la description que je fis de celui que je retirai du salpêtre... « Toutes les espèces d'air factice que j'ai » soumises à l'expérience jusqu'ici, disais-je (1), sont » extrêmement nuisibles, à l'exception de celui que j'ai » retiré du salpêtre... Une bougie brûlait dans ce der- » nier air tout de même que dans l'air commun. Une » bougie allumée ayant été mise dans une quantité d'air » tiré du salpêtre, non seulement elle continua de brû- » ler, mais sa flamme fut augmentée, et on entendoit » un *sifflement* semblable à celui qui est occasionné par » la déflagration du nitre. Je fis cette expérience avec » de l'air nouvellement produit, et pendant qu'il conte- » noit probablement quelques particules de nitre, qui » se seroient déposées dans la suite. »

Avec quelle joie, Jean Mayow aurait salué cette expérience! Dans le gaz, si favorable à la combustion, que Priestley avait préparé, il eût assurément reconnu cet esprit igno-aérien dont il avait deviné l'existence dans le salpêtre et dont il avait prévu les propriétés chimiques essentielles. Priestley n'a pas de telles divinations. Il se borne à conclure son expérience par ces paroles (2) : « Cette suite de faits, relatifs à l'air tiré du nitre, me paroît très extraordinaire et très importante. Elle pourroit, entre des mains habiles, conduire à des découvertes considérables. » Et lorsque, sept ans plus tard, il rappelle ces paroles, il ajoute (3) : « En effet, depuis ce tems, il s'est fait sur ce sujet des découvertes considérables; mais ce n'a pas été parce

(1) J. PRIESTLEY, *Expériences et observations sur différentes espèces d'air*, t. I, p. 203.

(2) J. PRIESTLEY, *Op. laud.*, t. I, p. 205.

(3) J. PRIESTLEY, *Expériences et observations sur différentes branches de la Physique*, t. I, p. 224.

que ces premières idées sont tombées en des *mains habiles*; car tout a été dû à une suite de *hasards* très extraordinaires. »

Profondément injuste si on l'entendait de Lavoisier, qu'il visait peut-être, ce propos est l'exactitude même si on l'applique à Priestley. Vraiment gâté par le hasard, celui-ci ne mettait aucun empressement à profiter des faveurs de la fortune.

Reprenant une ancienne expérience de Hales, notre auteur, sous une cloche dont le bord plonge dans l'eau, place un mélange humecté de limaille de fer et de flour de soufre ; comme Hales, il voit que l'air contenu dans la cloche diminue de volume ; mais il observe, de plus, que si l'on emploie une quantité suffisante de fer et de soufre, la diminution est dans un rapport constant avec le volume primitif de l'air ; en outre, l'air qui reste diffère de l'air que contenait la cloche au début de l'expérience ; il est un peu plus léger, une chandelle n'y brûle plus, un petit animal n'y peut plus vivre ; d'*air naturel*, il est devenu ce que Priestley nomme *air vicié*, ce qu'aujourd'hui, nous appelons *azote*.

La calcination des métaux fournit, à notre chimiste, un autre moyen de produire un effet semblable. Dans des volumes donnés d'air, il suspend des morceaux d'étain ou de plomb ; sur ces corps, il fait tomber le foyer d'un miroir ardent ; après la calcination des métaux, l'air se trouve moins volumineux d'un quart ; il est devenu impropre à la combustion et à la respiration ; le mélange de fer et de soufre n'y détermine plus aucune diminution de volume ; c'est, en un mot, de l'*air vicié*.

Qu'est-ce que Priestley va conclure de ces expériences ? Va-t-il en déduire que l'*air vicié* préexistait dans l'air naturel ; qu'il s'y trouvait mélangé à quelque autre fluide ; que le mélange de fer et de soufre, que le métal incandescent se sont emparés de cet autre fluide pour ne plus laisser subsister que l'*air vicié* ? Point du tout. « Il ne paraît pas avoir soupçonné, dit Lavoisier, que la calcination elle-même fût une absorption, une fixation du fluide élastique. » La calcination du métal, au gré du chimiste anglais, dégage certainement du phlogistique ; on peut admettre que le mélange de fer et de soufre en fait autant ; c'est ce phlogistique qui a mission de tout expliquer ; il s'est porté sur l'*air naturel* que la cloche contenait ; il l'a condensé dans un volume moindre ; il en a changé les propriétés ; l'*air vicié* n'est autre chose que de l'*air naturel* qui s'est chargé de phlogistique ; c'est de l'*air phlogistiqué*. Or cet air chargé de phlogistique et condensé sous un moindre volume a moins de poids spécifique que l'air naturel ; Priestley lui-même l'a montré ; il n'aperçoit pas la formidable objection qu'il a dressée contre sa propre explication.

Priestley, cependant, continue ses recherches sur les différentes espèces d'air ; le 1er août 1774, il fait une découverte capitale.

Cette découverte, il ne l'a ni prévue ni cherchée. Nous en avons l'aveu. Cinq ans après la préparation du fluide qui prendra le nom d'oxygène, il écrit (1) :

« Les choses restèrent dans cet état jusqu'en août 1774, Lorsque, sans aucune vue particulière que celle de tirer de l'air de diverses substances, par le moyen d'une lentille ardente dans le mercure, ce qui étoit alors un procédé nouveau pour moi et dont j'étais très pas-

(1) J. Priestley, *Expériences et Observations sur différentes branches de la Physique*, t. I, pp. 225-226.

sionné, je retirai cet air du précipité *per se*, et du *précipité rouge* ordinaire (1), et j'en obtins aussi du *minium*, avec un mélange d'*air fixe*. »

Priestley prend du précipité *per se* ; il le recouvre d'une cloche de verre renversée sur l'eau ; à l'aide du foyer d'une lentille, il échauffe fortement la chaux mercurielle ; alors il voit celle-ci se réduire, revivifiant du mercure métallique et liquide ; en même temps, s'accroît le volume de l'air contenu sous la cloche ; les propriétés de cet air sont, en quelque sorte, exaltées ; la lumière d'une chandelle y brille d'un très vif éclat ; un charbon allumé y crépite en lançant des étincelles de toutes parts ; il est extrêmement propre à la respiration des animaux ; aussi l'inventeur lui donne-t-il le nom d'*air très pur*.

L'*air très pur*, c'est ce gaz que Lavoisier va bientôt nommer *air vital*, que la nomenclature nouvelle appellera *oxygène* ; c'est, pour ainsi dire, la clé de la Chimie moderne.

Cette clé, Priestley va-t-il la tourner ? Va-t-il ouvrir enfin la porte si longtemps fermée aux chimistes ? Va-t-il comprendre que l'air naturel et commun est un mélange de deux fluides, de celui qu'il avait appelé *air vicié*, de celui qu'il vient de nommer *air très pur* ? Que le mercure, chauffé en présence de l'air commun, délaisse l'*air vicié* et s'empare de l'*air très pur* pour former de la chaux mercurielle ? Que, sous la seule action de la chaleur, le précipité *per se*, se dédoublant, restaure le mercure métallique en même temps que l'*air très pur* ? Qu'enfin, ce sont là les caractères essentiels de toute calcination, de toute réduction ?

(1) Oxyde de mercure obtenu en traitant le mercure par l'acide azotique.

Il n'entendra rien de tout cela. Ces enseignements, l'expérience les crie, peut-on dire, à qui veut bien écouter ; mais son empirisme, sourd à tout raisonnement défavorable au phlogistique, lui bouche les oreilles.

Comme il n'a point de doctrine chimique, il ne pouvait s'attendre à ce que le précipité *per se* lui donnât le même air que le salpêtre ; le seul sentiment que sa trouvaille éveille, tout d'abord, en lui, c'est donc un grand étonnement.

« Le 1er août 1774, nous dit-il (1), je tâchai de tirer de l'air du mercure calciné *per se*, et je trouvai sur le champ que, par le moyen d'une forte lentille, j'en chassais l'air très promptement. Ayant ramassé de cet air trois ou quatre fois le volume de mes matériaux, j'y admis de l'eau, et je trouvai qu'elle ne s'absorbait point ; mais ce qui me surprit plus que je ne puis l'exprimer, c'est qu'une chandelle brûla dans cet air, avec une flamme d'une vigueur remarquable. »

Priestley pense si peu que l'air tiré du précipité *per se* soit celui que, depuis deux ans, il sait extraire du salpêtre, qu'il fait, d'abord, un tout autre rapprochement. En 1773, il avait longtemps maintenu de l'*air nitreux*, c'est-à-dire de l'oxyde azotique, sur de la limaille de fer humide. Il avait obtenu le gaz que nous nommons aujourd'hui oxyde azoteux ; il avait observé qu'une bougie brûlait, dans ce gaz, avec une flamme agrandie. C'est de ce gaz qu'il rapproche tout d'abord celui que le précipité *per se* lui a fourni. « J'observai, dit-il au sujet de ce dernier (2), qu'une bougie brûloit

(1) J. Priestley, *Expériences et observations sur différentes espèces d'air*, t. II, p. 41.

(2) J. Priestley, *Expériences et observations sur différentes branches de la Physique*, t. I, pp. 226-227.

dans cet air avec une flamme singulièrement vigoureuse; mais je ne fis pas attention, même alors, à la différence qui se trouve entre cette apparence et celle de la flamme agrandie dont j'ai parlé ci-dessus.

» Cependant, cet air qui avait été produit sans nitre m'embarrassa excessivement, et je ne pus même pas me persuader que mon précipité fût une bonne préparation dans son genre, jusqu'à ce que je m'en fusse procuré une quantité chez M. Cadet à Paris, lorsque je me trouvai dans cette ville en octobre suivant. Mais cette substance me donna, au mois de mars de l'année suivante, de l'air qui, ainsi que je m'en assurai peu à peu, avait toutes les propriétés de l'air commun, mais dans une beaucoup plus grande perfection. » En particulier, c'est le 8 mars 1775 qu'il constata, en y plongeant une souris, que cet air était aussi bon à respirer, sinon meilleur que l'air ordinaire. « En sorte que, conformément à mon idée de la pureté et de l'impureté de l'air, il avoit droit au nom d'*air déphlogistiqué*, que je lui donnai par cette raison. »

Content de cette supposition en vertu de laquelle le précipité *per se*, lorsqu'il régénère le mercure métallique, purifie l'air en lui enlevant son phlogistique, Priestley ne s'avise de reconnaître aucune des propriétés chimiques essentielles de son air très pur; de tout autres soucis, dictés par de faux rapprochements, sollicitent son attention. Laissons-lui de nouveau la parole (1) :

« Mon idée que cette espèce d'air et, conséquemment, l'air atmosphérique, qui est la même chose, mais dans un état de pureté inférieure, étoit composé de

(1) J. Priestley, loc. cit., pp 227-229.

terre et d'esprit de nitre (1), me vint de la manière qui suit.

» J'avais obtenu de l'air inflammable (2) de différentes substances par le moyen de l'acide marin (3), et comme j'étois en état de rendre propre à la respiration cet air inflammable, je conjecturai que l'acide marin entroit dans sa composition, et que la grande masse d'air qui environne notre planette avoit été originairement fournie par les volcans, dont je supposois qu'il sortait une grande quantité d'air inflammable.

» Mais lorsque j'eus ensuite retiré l'*air pur* du *minium* (4), je supposai que cette chaux métallique n'acquéroit la faculté de produire de cet air qu'en vertu de quelque acide qu'elle attiroit de l'atmosphère; et ayant heureusement rencontré du minium dans un tel état qu'il ne donnoit *de lui-même* que très peu ou point d'air, j'humectai des portions séparées de ce minium avec chacun des trois acides minéraux (5), afin de déterminer lequel des trois il auroit absorbé. Et trouvant d'abord que la portion qui avoit été imbibée d'acide nitreux (6) donnoit abondamment la même espèce d'air que donne le minium dans son état naturel, et que les portions qui avoient été humectées avec les autres acides n'en donnoient point du tout, je fus assuré que c'étoit l'acide nitreux que le minium absorboit naturellement de l'atmosphère. Je fus confirmé dans cette opinion lorsque je me trouvai en état d'obtenir de l'air

(1) Acide azotique.
(2) Hydrogène.
(3) Acide chlorhydrique.
(4) Oxyde de plomb.
(5) Chlorhydrique, azotique, sulfurique.
(6) Acide azotique.

déphlogistiqué par le mélange de l'acide nitreux avec toutes les espèces de terre ; de telle sorte qu'il n'y a, je crois, dans la nature aucune substance qu'on ne puisse convertir en air par le moyen de cet acide...

» Mais j'ai eu depuis des raisons pour suspecter cette hypothèse, quelque plausible qu'elle paroisse ; et maintenant je suis porté à penser que, quoiqu'indépendamment de la *terre*, il entre quelque acide dans la composition de l'air, ce n'est pas nécessairement l'acide nitreux ; mais que, dans quelques occasions, c'est l'acide vitriolique (1) ou que, du moins, dans les procédés par lesquels on obtient cet air, ces acides sont convertis l'un en l'autre, ou en quelque autre acide et substance qui a une égale connexion avec tous les deux, et qui existe dans l'atmosphère sous cette modification qui leur est commune à l'un et à l'autre. »

Telle est la conclusion saugrenue que tirait de sa trouvaille celui qui avait, le premier, préparé l'oxygène.

Ceux qui font profession de constater seulement les faits tout nus sont ordinairement ceux qui raisonnent le plus au sujet de ces faits ; mais de leur mépris pour le raisonnement, ils prennent le droit de raisonner faux.

A la découverte qui devait immortaliser son nom, Priestley n'avait rien compris.

L'œuvre même de Lavoisier ne lui en donnera pas l'intelligence.

En 1782, Priestley avait quitté l'Angleterre ; il s'était fixé à Northumberland en Pensylvanie, adoptant désormais la nationalité américaine.

C'est de Northumberland qu'il adressait, en 1796, « aux citoyens Berthollet, Delaplace, Monge, Morveau,

(1) Acide sulfurique.

Fourcroy, Hassenfratz, etc., auteurs, encore vivans, des réponses à M. Kirwan », ses *Réflexions sur la doctrine du Phlogistique et la décomposition de l'eau*. En l'an VI de la République (1798), Adet mettait ces *Réflexions* en français (1) et les présentait, en même temps que sa réponse, à « la première classe de l'Institut National. »

Au moment où Priestley composait son petit ouvrage, la guillotine révolutionnaire avait, depuis plus de deux ans, tranché la tête de Lavoisier ; mais avant que cette tête tombât, la doctrine qu'elle avait conçue avait triomphé partout ; partout, la théorie du phlogistique avait cédé devant la théorie fondée par « les travaux de M. Lavoisier (2) et ceux de ses amis, qui ont fait souvent donner, à ce nouveau système, le nom de système français. »

« Il était à peine publié en France, disait Priestley (3), que les savans et les chimistes les plus distingués en Angleterre se hâtèrent de l'adopter, malgré la rivalité qui avait si longtemps subsisté entre ces deux pays. Le docteur Black et tous les écossais, suivant ce que j'ai appris, se sont rangés au nombre des convertis ; et bien plus, M. Kirwan, qui avait écrit un traité assez considérable contre ce système, a imité leur exemple. Les ouvrages périodiques anglais, où l'on rendait

(1) *Réflexions sur la Doctrine du Phlogistique et sur la Décomposition de l'Eau, par* Joseph Priestley, *Docteur ès-lois, Membre de la Société Philosophique de Philadelphie, etc. Ouvrage traduit de l'Anglais, et suivi d'une réponse par* P. A. Adet, *de la Société d'Histoire Naturelle de Genève, de la Société Philosophique de Philadelphie, etc.* A Paris, Chez Guillaume, libraire, rue de l'Eperon, nº 12. An VI de la République (1798, vieux style).

(2) J. Priestley, *Op. laud.*, p. 6.

(3) J. Priestley, *Op. laud.*, pp. 6-7.

compte des nouveaux airs, se sont universellement déclarés en faveur du nouveau système. Il en est de même, je pense, dans les écoles du continent, et l'ancienne théorie est entièrement abandonnée. Aujourd'hui que le docteur Crawford est mort, je ne connais plus d'autres partisans de la théorie du phlogistique que mes amis de la Société Lunaire de Birmingham, et à la distance où je me trouve d'eux, je ne puis répondre encore de leurs opinions, dans ce siècle de révolutions philosophiques et politiques. »

« Nous restons encore un petit nombre de mécontens (1) ; mais comme vous ne désirez pas, j'en suis persuadé, que votre règne ressemble à celui de Robespierre, vous chercherez plutôt à nous gagner par la persuasion qu'à nous contraindre au silence par la force du pouvoir. »

Priestley embrasse donc du regard l'ample doctrine issue de la pensée de Lavoisier, ce qu'on nomme communément le système français ; ce système reçu de tous, il ne veut pas encore le tenir pour vainqueur de la théorie du phlogistique ; dans la multitude des observations qui ont été faites depuis vingt ans, il n'a « pas trouvé (2) de raison suffisante pour changer d'opinion » ; parmi ces observations, celles qui ont le plus de poids se laissent tout aussi bien, prétend-il, interpréter selon l'ancienne théorie.

Allons de suite à l'expérience qui a fait la gloire de Priestley, à celle qui lui a donné, pour la première fois, son *air très pur*. Cette expérience, bien loin de s'en déclarer fier, le grand chimiste anglais s'en montre embarrassé ; il paraît désireux de l'amoindrir, d'en

(1) J. PRIESTLEY, *Op. laud.*, p. 2.
(2) J. PRIESTLEY, *Op. laud.*, p. 8.

faire une exception dont il faut bien se garder d'exagérer la portée et de généraliser l'enseignement.

« Pour prouver, dit-il (1), que les métaux sont des substances simples, et qu'ils ne passent à l'état de chaux qu'en absorbant de l'air, on cite l'exemple du mercure qui, chauffé à l'air libre et à un certain degré de chaleur, se transforme en chaux connue sous le nom de précipité *per se*, et redevient mercure coulant quand on l'expose à un degré de chaleur plus considérable. On pense, en conséquence, qu'il est impossible de ne pas conclure que, dans tous les cas de calcination, aussi bien que dans celui-ci, la différence qui existe entre un métal et sa chaux, c'est que le métal s'est séparé de l'air qu'il avait absorbé.

» Mais ce que je viens de rapporter est propre seulement à cette chaux de mercure. »

Pour restreindre à ce cas les conséquences de l'expérience qu'il avait faite, Priestley n'hésite pas à invoquer des observations inexactes et déjà reconnues telles.

Le sulfate de mercure se transforme, à une température suffisamment élevée, en un corps jaune de même composition que le précipité *per se;* Priestley affirme que cette chaux mercurielle jaune ne se laisse pas réduire par la chaleur seule; cependant Monet, Bucquet, Lavoisier, Fourcroy avaient obtenu cette réduction immédiate.

Priestley ajoute (2) : « Plusieurs habiles chimistes assurent que si l'on fait, avec l'attention convenable, le précipité *per se*, on peut le revivifier sans qu'il laisse échapper de l'air ; il en est de même du *minium* quand il est fraîchement fait ;..... il faut attribuer ce phéno-

(1) J. PRIESTLEY, *Op. laud*, pp. 10-11.
(2) J. PRIESTLEY, *Op. laud.*, p. 12.

mène, je n'en doute pas, à l'absence de l'eau, que je regarde comme essentielle à la composition de toute espèce d'air. » Or Van Mons et Adet avaient prouvé que la réduction du minium fraîchement fait donne de l'oxygène.

« Tout ce qu'on peut conclure (1) de l'expérience faite avec le précipité *per se*, c'est que, dans ce cas particulier, le mercure, en passant à l'état de chaux, absorbe de l'air sans perdre de phlogistique ou, du moins, n'en laisse dégager qu'une petite portion. » Le rival le plus envieux, le plus enclin à rabaisser les titres de Priestley n'eût point osé, pourvu qu'il fût de bonne foi, ramener à d'aussi mesquines proportions l'observation faite par son adversaire.

Priestley admet-il, du moins, ce que ses propres expériences nous apprennent si clairement touchant la constitution de l'air? Croit-il maintenant que l'air commun soit formé de deux composants, de son *air vicié* et de son *air très pur?* Que les métaux, dans leur calcination, se bornent à prendre l'*air pur* en délaissant l'*air vicié?* Écoutons-le (2) :

« Dans les autres cas de la calcination des métaux dans l'air, auxquels j'ai donné le nom de phlogistication de l'air, il est non seulement évident qu'ils se combinent avec quelque substance qui ajoute à leur poids, mais aussi qu'ils perdent quelque chose. Le procédé le plus simple qu'on puisse employer à cet effet, c'est d'exposer du fer au foyer d'un verre ardent dans un vaisseau plein d'air. L'air diminue de volume et le métal passe à l'état de chaux. Mais l'odeur forte qui

(1) J. Priestley, *Op. laud.*, pp. 11-12.
(2) J. Priestley, *Op. laud.*, pp. 13-15.

s'exhale du fer prouve qu'il a perdu quelque chose pendant cette opération.....

» Le résultat de l'expérience ne peut-être attribué, comme les antiphlogisticiens l'assurent, à la simple séparation de l'air déphlogistiqué et de l'air phlogistiqué ; je l'ai prouvé par une suite d'expériences dans lesquelles j'ai démontré qu'une grande quantité de l'air phlogistiqué, qu'on obtient dans cette circonstance, est produite par l'union du phlogistique du fer avec l'air déphlogistiqué. Et si le fer, dans cette expérience, perd quelques-unes de ses parties constituantes pendant sa calcination, il en sera de même dans les autres calcinations du même métal et dans la calcination des autres métaux. »

Avec un rare bonheur, Priestley a réalisé les expériences les plus propres à mettre la composition de l'air en une évidence éblouissante ; tout esprit non prévenu eût compris d'emblée l'enseignement que comportaient de telles observations ; lui, il est demeuré sourd et aveugle, parce que la foi en la doctrine phlogisticienne lui bouchait les oreilles et les yeux ; pendant vingt ans, les découvertes de Lavoisier se sont succédé, inondant de lumière les questions auxquelles le chimiste anglais s'était attaqué le premier ; et celui-ci a continué de ne rien voir, frappé de cécité par son attachement routinier et têtu aux hypothèses ruinées de Stahl.

Priestley ne s'est pas seulement occupé de l'*air vicié* et de l'*air très pur ;* il s'est également enquis de l'*air inflammable*.

Air inflammable est le nom qu'on donait alors au fluide que la nouvelle nomenclature devait appeler *hydrogène*.

Déjà Paracelse avait observé l'effervescence que

donne le fer lorsqu'on le plonge dans l'huile de vitriol étendue d'eau. Boyle était parvenu à recueillir le gaz que dégage cette effervescence. En 1703, Turquet de Mayerne avait reconnu que cet air est inflammable. Enfin, en 1766, Cavendish l'avait obtenu à l'état de pureté par le procédé qu'on emploie encore aujourd'hui.

En même temps, Cavendish avait fait une observation capitale ; lorsqu'on brûle, dans l'air ordinaire, cet *air inflammable*, on obtient de l'eau ; il n'avait point eu, d'ailleurs, l'idée d'en conclure que l'eau était un corps composé et qu'elle se formait par l'union de l'*air inflammable* avec un élément contenu dans l'air ordinaire ; sa remarque n'en fut pas moins comme un premier aperçu de cette grande vérité.

L'observation de Cavendish demeura lettre morte pour les chimistes phlogisticiens.

Puisque l'*air inflammable* est combustible, Priestley n'hésite pas à le regarder comme un corps riche en phlogistique ; parfois même il semble avoir cru que l'*air inflammable*, pris à l'état de pureté, était identique au phlogistique ; c'est, en particulier, le sens que paraît avoir ce passage (1) : « Des expériences telles que celles que je vais rapporter, établissent comme une probabilité que l'*air phlogistiqué* n'est point une substance simple, mais un composé de phlogistique ou de la substance qui est l'élément pur du *gaz inflammable*, quelle qu'elle soit, et d'*air déphlogistiqué*. »

Traduite en langage moderne, la proposition de Priestley prend cette forme : L'azote n'est pas un corps simple, mais un composé d'hydrogène et d'oxygène. Et le phlogisticien qui formule cette erreur monstrueuse

(1) J. Priestley, *Op. laud.*, pp. 44-55.

a sous les yeux toutes les expériences par lesquelles l'école anti-phlogisticienne française a mis en évidence la constitution de l'eau; c'est en discutant ces expériences qu'il émet semblable idée; l'admirable synthèse de Lavoisier et de Meunier, c'est-à-dire l'observation la plus detaillée et la plus exacte que les chimistes eussent faite jusqu'alors, n'a pu le convaincre; les précautions mêmes par lesquelles ces deux inventeurs ont écarté toute cause d'erreur, les procédés ingénieux par lesquels ils ont mesuré toutes les données et tous les effets lui sont raisons de douter; son empirisme, habitué aux constatations grossières et purement qualitatives, a été déconcerté par toute cette précision de physiciens; « l'appareil, dit-il, ne m'a pas paru propre à donner la certitude que la conclusion exige, et il y a eu trop de corrections, de réductions et de calculs pour arriver au résultat. »

Priestley a fait de nombreuses observations dont la Chimie nouvelle devait tirer grand parti; mais il était si féru du système phlogisticien qu' « il est mort sans y avoir rien compris. »

(1) J. Priestley, *Op. laud.*, p. 23.

CHAPITRE IX

CHARLES-GUILLAUME SCHEELE

Priestley observe une multitude de faits, mais il ne raisonne guère sur ses observations, et s'il raisonne, il raisonne faux ; il ignore l'art d'enchaîner logiquement les expériences, d'en tirer la condamnation sans réplique de l'hypothèse qu'on se propose de rejeter, la vérification précise de la pensée qu'on veut établir ; ses conclusions se relient d'une manière fort lâche aux faits dont il prétend les tirer ; parfois, il arrive à celles-là d'affirmer ce que ceux-ci nient clairement.

Le Suédois Charles-Guillaume Scheele (1742-1786) se pique de mener ses expériences avec méthode, afin qu'elles forment une démonstration complète et sûre des explications qu'il propose ; mais son excessive imagination trompe ce désir de rigueur ; elle construit un vaste système et se tient pour satisfaite si quelques conséquences de ce système offrent, avec les faits, un accord qualitatif ; Scheele ne se soucie pas de rechercher, à l'aide de mesures précises, si cet accord persisterait entre les grandeurs des objets qu'il compare ; surtout, il évite de soumettre au contrôle de l'expérience nombre de propositions qui se pourraient tirer de sa doctrine ; celle-ci, donc, n'est qu'un séduisant mirage, fort peu semblable à la réalité.

Il s'est proposé d'étudier les propriétés du feu ; il s'est bien vite aperçu que cette étude supposait de nombreuses expériences sur l'air, sur toutes sortes d'airs ; en même temps donc que Priestley, il a poursuivi des recherches analogues à celles de ce savant ; en 1775, il a trouvé, de son côté, le gaz que le chimiste anglais avait découvert peu auparavant (1) et qu'il avait appelé *air pur* ou *air déphlogistiqué ;* à ce fluide, Scheele a donné le nom d'*air du feu* ou d'*air empyréal ;* de ses observations, de la théorie qu'il en a proposée, il a fait, en 1777, le sujet d'un petit livre intitulé *Traité chimique de l'air et du feu* (2) ; en 1781, le baron de Dietrich a traduit ce livre du suédois en français.

Plus clairvoyant que Priestley, Scheele reconnaît (3) que « l'air est composé de deux fluides élastiques ». L'un de ces fluides, où les lumières s'éteignent, c'est l'*air vicié* du chimiste anglais ; l'autre, c'est l'*air du feu*.

Parmi les expériences qui suggèrent cette conclusion, voici la première et la plus détaillée.

(1) L'étude de la correspondance de Scheele a permis à Nordenskiœld de démontrer que le chimiste suédois avait, en réalité, préparé l'oxygène quelques mois plus tôt que le chimiste anglais ; mais il n'avait donné aucune publicité à sa découverte, en sorte que la priorité demeure acquise à Priestley (NORDENSKIŒLD, *Carl Wilhelm Scheele, Nachgelassene Briefe und Aufzeichnungen*. Stockholm, Norstedt et Sœner).

(2) La première édition de cet ouvrage, précédée d'une préface de Bergmann, fut publiée en 1777, à Upsal et à Leipsick, sous le titre suivant : *Chemische Abhandlung von der Luft und Feuer*. — De la traduction française, nous avons donné précédemment la description (p. 133, note 1). Nos citations sont empruntées à cette traduction.

(3) SCHEELE, *Traité chimique de l'air et du feu*, p. 52.

Dans un volume limité d'air, on met un corps qu'on appelait alors *foie de soufre* et qu'on nomme aujourd'hui sulfure de potassium ; peu à peu, le volume de l'air diminue; au bout de quelques jours, ce volume ne change plus ; on constate alors que la diminution atteint à peu près un quart du volume primitif ; le fluide restant pèse moins que l'air tout d'abord enfermé sous la cloche ; il possède, d'ailleurs, toutes les propriétés de l'*air vicié*.

Il s'agit d'interpréter cette expérience. Pour en découvrir l'explication, Scheele part de la doctrine du phlogistique, qu'il tient pour assurée (1). « La présence du phlogistique, cette base inflammable élémentaire, est, dit-il, prouvée par chacun de ces procédés. Il nous démontre de plus que l'air attire fortement le principe inflammable des corps, qu'il le leur enlève, et que, par le passage du phlogistique dans l'air, il se perd une quantité d'air notable... Les mêmes expériences prouvent encore qu'une quantité donnée d'air ne peut s'unir et, pour ainsi dire, de saturer qu'avec une certaine quantité de principe inflammable. ».

Les conclusions tirées par Priestley de ses premières expériences se fussent accordées avec celles-ci ; mais Scheele va scruter, avec plus de subtilité que son émule, certaines difficultés qui ne lui semblent pas encore résolues (2).

« Le phlogistique que ces corps ont perdu existe-t-il encore dans l'air qui a resté dans la bouteille ? ou l'air qui s'est dissipé s'est-il uni ou fixé avec le foie de soufre ?... Ce sont deux questions très importantes.

(1) Scheele, *Op. laud.*, pp. 59-60.
(2) Scheele, *Op. laud.*, pp. 60-61.

» Pour répondre à la première affirmativement, il faudroit que le principe inflammable eût la propriété de priver l'air d'une partie de son élasticité, et de le rendre susceptible d'être plus compliqué que l'air extérieur. Je pensai que, s'il en était ainsi, un pareil air devrait être spécifiquement plus pesant que l'air commun, tant à cause du phlogistique qu'il renfermeroit, que par rapport à sa plus grande densité. Quel fut mon étonnement, en pesant très scrupuleusement un matras très mince, rempli de cet air, de le voir tenir non seulement l'équilibre avec un pareil volume d'air commun, mais être même un peu plus léger ! »

C'est, on le voit, une réfutation en règle de l'opinion de Priestley ; ce n'est pas dans l'*air vicié* demeuré sous la cloche que se trouve le phlogistique dégagé par le foie de soufre : cet *air vicié*, ce fluide que Lavoisier nommera l'*azote*, ne peut pas être de l'*air phlogistiqué*. Détail piquant ; pour renverser l'hypothèse du chimiste anglais, Scheele se sert d'observations identiques à celles que son émule avait faites, mais sans en tirer parti.

Notre auteur examine alors la seconde des questions qui le préoccupent. Le fluide élastique, primitivement contenu dans l'air, auquel le phlogistique s'est combiné, ne se retrouve pas dans l'*air vicié* qui demeure sous la cloche. Qu'est-il donc devenu ? S'est-il uni au foie de soufre ? Cette supposition séduit Scheele (1). Pour établir qu'elle est fondée, Lavoisier montrera que le poids du foie de soufre a cru tout juste de la quantité dont le gaz s'est allégé. La pensée de cette épreuve ne vient pas à l'esprit du chimiste suédois; et comme, du composé obtenu, il ne parvient pas à retirer le fluide

(1) SCHEELE, *Op. laud.*, pp. 61-62.

qu'il cherche, il renonce à son idée, qui était juste. Dès lors, à la question posée, quelle réponse va-t-il faire ? Nous devons, ici, citer ses propres paroles (1) :

« J'ai observé que je n'ai pas pu retrouver l'air perdu. On pourroit me dire, à la vérité, que l'air perdu s'est caché dans cette partie de l'air qui ne peut s'unir au phlogistique ; car ce résidu étant plus léger que l'air commun, il pourroit devoir cette légèreté au phlogistique combiné avec l'air perdu, comme d'autres expériences l'ont déjà fait penser ; mais le phlogistique étant une matière, et la matière présupposant toujours une pesanteur, je doute que cette hypothèse soit fondée. Au reste, sans entrer dans de plus grands détails, je vais démontrer que la combinaison de l'air avec le phlogistique est un composé si subtil qu'il est susceptible de pénétrer les pores imperceptibles du verre, et de se disperser en tout sens dans l'air. »

Ce composé subtil que l'*air du feu* produit en se combinant avec le phlogistique, et qui s'échappe en traversant les vases de verre, qu'est-ce donc? Au gré de Scheele, c'est la chaleur. « La chaleur (2) produite par un mélange de limaille de fer, de soufre et d'eau, est uniquement due à l'union que le phlogistique du fer a contractée avec l'Air du Feu. » « J'espère (3) avoir démontré que la chaleur est composée de deux parties constituantes, savoir, du principe inflammable et de l'Air du Feu qui se trouve dans l'air atmosphérique. » Notre auteur s'applique à montrer que toute réaction chimique où l'on voit un corps céder son phlogistique à

(1) Scheele, *Op. laud.*, pp. 73-74.
(2) Scheele, *Op. laud.*, p. 116.
(3) Scheele, *Op. laud.*, p. 118.

l'air, est une réaction qui dégage de la chaleur; très notable si la transformation est rapide, l'échauffement est, au contraire, à peine sensible si l'effet chimique est lent; toujours, néanmoins, on parvient à le mettre en évidence.

Ainsi, dans l'expérience qui nous occupait, dans d'autres expériences analogues, l'*air du feu*, après s'être combiné au phlogistique, s'est, par les pores du verre, échappé sous forme de chaleur.

Cet *air du feu*, dépouillé du phlogistique qui le rend si subtil, se laisse-t-il saisir? Assurément; on le peut obtenir par divers moyens. Celui que Scheele analyse avec le plus de détail consiste à soumettre l'acide nitrique fumant à une forte chaleur. D'où vient, dans ce cas, l'*air du feu* qu'on recueille? N'est-il pas fourni par la décomposition de l'acide nitrique en *air du feu* et vapeurs rutilantes? Cette explication très simple, très exacte, semble immédiatement dictée par les observations fort soignées du Chimiste suédois; ce n'est cependant pas celle qu'il propose. Écoutons-le de nouveau (1):

« C'est la chaleur qui, dans la distillation de l'acide nitreux concentré, est décomposée et réduite en ses parties constituantes. Elle doit sa présence au feu avec lequel on entretient la distillation. Elle se forme d'abord de l'air sans lequel aucun feu ne saurait exister, et du phlogistique des charbons; elle pénètre la capsule, le sable et la cornue, où elle rencontre une substance qui attire plus fortement le phlogistique que l'air avec lequel il s'est combiné; ainsi la chaleur est décomposée...

» Cette opinion me semble tout d'abord aussi extraordinaire qu'elle pourra paroître étrange à mes lecteurs.

(1) Scheele, *Op. laud.*, pp. 81-82.

Étant convaincu qu'elle n'est pas une simple hypothèse, mais une des vérités les plus constantes, je chercherai à la démontrer par de nouvelles expériences. »

Guyton de Morveau avait écrit (1), à propos des recherches de Frédéric Meyer : « J'ai déjà remarqué, dans mon Mémoire sur les phénomènes de l'air dans la combustion, qu'il accordoit ou refusoit arbitrairement à son *causticum* la propriété de passer à travers les vaisseaux. » Mais ce n'est pas seulement à Meyer qu'il convient d'adresser cette critique ; il la faut faire remonter jusqu'à plus ancien que lui, jusqu'à Boyle même ; Boyle, le premier, avait habitué les chimistes à faire intervenir, pour expliquer certains effets embarrassants, des substances capables de s'insinuer par les pores des vases de verre. Nombreux sont les chimistes qui ont suivi ce fâcheux exemple, et Scheele se range à leur suite ; ses raisonnements sont atteints du vice que Morveau reprochait à ceux de Meyer. Il suffit à l'*air du feu* de se combiner au phlogistique pour franchir les parois des cornues et des matras ; du même coup, les hypothèses échappent au contrôle de l'expérience, et le système du chimiste suédois se peut construire sans craindre le ruineux démenti des faits.

De cet édifice systématique, nous n'avons encore parcouru, pour ainsi dire, que le rez-de-chaussée ; d'autres étages s'y superposent.

Lorsque l'*air du feu* s'est combiné au phlogistique pour donner la chaleur, son pouvoir d'attirer l'hypothétique élément n'est pas encore saturé ; de ce phlogistique, il peut prendre davantage afin de former la lumière. « Je crois donc, dit Scheele (2), que chaque

(1) Guyton de Morveau, *Digressions académiques*, p. 128.
(2) Scheele, *Op. laud.*, p. 154.

molécule de lumière n'est autre chose qu'un atome d'Air du Feu combiné avec un peu plus de phlogistique qu'une pareille molécule de chaleur ». Et notre auteur de multiplier les expériences par lesquelles il pense établir cette proposition.

La lumière même n'est pas le dernier degré de combinaison du phlogistique avec l'*air du feu*. « Si la chaleur est un acide subtil (1), elle doit être susceptible de se combiner avec plus ou moins de phlogistique ; et quoique tous les acides n'aient pas la propriété d'attirer le phlogistique en grande quantité, la plupart, cependant, sont en état de s'en charger avec excès. La chaleur est du nombre de ces derniers ; elle devient lumière avec très peu de phlogistique de plus et forme, avec plus de phlogistique encore, l'*air inflammable*. »

L'*air inflammable* ou, pour parler comme la nouvelle nomenclature, l'hydrogène, c'est donc l'*air du feu*, c'est-à-dire l'oxygène, chargé de tout le phlogistique qu'il peut prendre.

C'est en attribuant une telle constitution à l'*air inflammable* que Scheele explique (2) la réaction connue depuis Paracelse, le dégagement d'*air inflammable* qu'on obtient en plongeant du fer dans de l'huile de vitriol (3) étendue. « Lorsque l'huile de vitriol, délayée dans l'eau, rencontre le fer, elle se combine d'abord avec sa terre ; mais cet acide affaibli n'ayant pas une affinité décidée avec le phlogistique, et l'air ne pouvant pas parvenir jusqu'au fer enveloppé par l'acide, il ne reste d'autre ressource au phlogistique que de se com-

(1) Scheele, *Op. laud.*, p. 240.
(2) Scheele, *Op. laud.*, pp. 241-242.
(3) Acide sulfurique,

biner avec la chaleur du fer, et de produire avec elle de l'*air inflammable*. »

Mais, dira-t-on, si, dans cette expérience, l'*air inflammable* se doit former aux dépens de la chaleur, il faudra donc chauffer le vase où la réaction se va produire ; or, bien loin d'emprunter de la chaleur au dehors, l'attaque du fer par l'huile de vitriol en dégage une grande quantité. Scheele a réponse à tout (1) : « La chaleur qui se fait sentir pendant cette dissolution est celle qui n'a pas pu toucher le phlogistique assez immédiatement pour être convertie en air inflammable ».

Qu'adviendra-t il si l'*air inflammable* s'unit à l'*air du feu ?* Celui-ci a besoin de phlogistique pour se convertir en chaleur ; celui-là n'est que la chaleur unie à un excès de phlogistique ; leur ensemble contiendra donc tout ce qu'il faut, et seulement ce qu'il faut pour produire de la chaleur (2). « L'*air inflammable* étant composé de chaleur et de phlogistique, il n'est pas surprenant que cet air semble disparoître entièrement avec l'*air du feu*, et qu'il ne laisse même aucun vestige d'acide aërien. »

Lorsque l'oxygène et l'hydrogène se combinent, disait Priestley, on obtient de l'azote ; on ne recueille rien du tout, dit Scheele, car il se forme uniquement de la chaleur qui se dissipe par les pores du verre ; ni l'un ni l'autre ne soupçonne que ce qui naît alors, c'est de l'eau.

Le professeur Ostwald a dit vrai ; pendant toute leur vie, Priestley et Scheele ont, dans la théorie du phlogistique, trouvé le guide de leurs expériences ; mais ce fut le guide qui bande les yeux du parlementaire

(1) Scheele, *Op. laud.*, p. 242.
(2) Scheele, *Op. laud.*, p. 243.

ennemi, avant de lui laisser franchir les lignes dont il ne doit pas reconnaître la disposition ; pis que cela, ce fut le guide, payé pour trahir, qui conduit aux fondrières et mène aux embuscades.

CHAPITRE X

ANTOINE-LAURENT LAVOISIER

Le professeur Ostwald a dit :

« Après que Scheele et Priestley eurent préparé l'oxygène et décrit ses propriétés, vers la fin du XVIIIe siècle, Lavoisier put choisir entre la théorie du phlogistique et la théorie inverse, et il expliqua la formation des chaux par une combinaison avec l'oxygène, et la production des métaux par une perte d'oxygène. Il montra de même que des substances non métalliques, comme le soufre et le phosphore, augmentent de poids en brûlant. Sa théorie de la combustion se trouvait ainsi généralisée. »

Au vrai, quand Lavoisier posa le principe de sa théorie de la combustion, ni Priestley ni Scheele n'avait encore révélé aux chimistes la moindre de ses observations.

Lavoisier ne choisit pas entre la théorie du phlogistique et la théorie inverse, car, de celle-ci, rien n'existait ; dédaigneux du système du phlogistique, où l'imagination avait trop mis du sien, il construisit de toutes pièces, à l'aide d'une méthode expérimentale précise, la doctrine de l'oxydation.

Dans ses *Détails historiques sur la cause de l'augmen-*

tation de poids qu'acquièrent les substances métalliques, lorsqu'on les chauffe pendant leur exposition à l'air, Lavoisier a pris soin de présenter lui-même ses titres de priorité.

C'est, on s'en souvient, dans les derniers jours de l'année 1772 qu'à la Société Royale de Londres, Priestley communiqua ses premières *Recherches sur différentes espèces d'air*. Or, dans le courant de cette même année 1772, Lavoisier, qui venait de commencer ses immortels travaux, avait eu souci de réserver ses droits d'inventeur.

« J'étois jeune, écrit-il (1), j'étois nouvellement entré dans la carrière des sciences, j'étois avide de gloire, et je crus devoir prendre quelques précautions pour m'assurer la propriété de ma découverte. Il y avoit, à cette époque, une correspondance habituelle entre les savants de France et ceux d'Angleterre ; il régnoit, entre les deux nations, une sorte de rivalité qui donnoit de l'importance aux expériences nouvelles, et qui portoit quelques fois les écrivains de l'une ou de l'autre nation à les contester à leur véritable auteur. »

Donc, le 1er novembre 1772, alors que ni Priestley ni Scheele n'avait encore parlé, Lavoisier déposait un pli cacheté entre les mains du secrétaire perpétuel de l'Académie des Sciences. Ce pli fut ouvert dans la séance du 5 mai 1773. Ce qu'il contenait, il nous le faut reproduire ici, car c'est un des plus beaux titres de gloire non seulement de Lavoisier, mais de toute la science française ; c'est l'acte de naissance de la Chimie moderne.

« Il y a environ huit jours, disait Lavoisier (2), que

(1) Lavoisier, *Mémoires de Chimie*, t. II, p. 84.
(2) Lavoisier, *Op. laud.*, t. II, pp. 85-86.

j'ai découvert que le soufre, en brûlant, loin de perdre de son poids, en acquiéroit au contraire ; c'est-à-dire que d'une livre de soufre, on pouvoit retirer beaucoup plus d'une livre d'acide *vitriolique*, abstraction faite de l'humidité de l'air ; il en est de même du phosphore ; cette augmentation de poids vient d'une quantité prodigieuse d'air qui se fixe pendant la combustion, et qui se combine avec les vapeurs.

» Cette découverte, que j'ai constatée par des expériences que je regarde comme décisives, m'a fait penser que ce qui s'observoit dans la combustion du soufre et du phosphore, pouvoit bien avoir lieu à l'égard de tous les corps qui acquièrent du poids par la combustion et la *calcination*, et je me suis persuadé que l'augmentation du poids des *chaux* métalliques tenoit à la même cause. L'expérience a complètement confirmé mes conjectures : j'ai fait la réduction de la *litharge* dans des vaisseaux fermés, avec l'appareil de Hales, et j'ai observé qu'il se dégageoit, au moment du passage de la *chaux* en métal, une quantité considérable d'air, et que cet air formoit un volume au moins mille fois plus grand que la quantité de *litharge* employée. Cette découverte me paroissant une des plus intéressantes qui aient été faites depuis Staalh (1), j'ai cru devoir m'en assurer la propriété, en faisant le présent dépôt entre les mains du secrétaire de l'Académie, pour demeurer secret jusqu'au moment où je publierai mes expériences. »

Souvent, le fil de la vérité s'embrouille en un écheveau qui paraît singulièrement inextricable ; mais un jour, un chercheur au génie perspicace découvre le bon

(1) C'est ainsi que Lavoisier orthographiait presque toujours le nom de Stahl.

bout ; il lui suffit alors de le suivre avec patience et méthode pour dévider une merveilleuse série de découvertes.

Ce bout, qu'il fallait prendre pour que la Chimie tout entière se déroulât, nul ne le saisit avec plus de bonheur que Lavoisier ; nul ne trouva plus clairvoyante décision pour affirmer d'emblée que c'était le bon ; et pour le tenir et le tirer jusqu'à ce que l'écheveau tout entier fût démêlé, nul ne montra jamais plus de suite dans les idées ni plus d'ingéniosité dans les procédés.

Les expériences sur la combustion et la réduction sont, durant l'année 1773, menées avec une telle activité, qu'avant la fin de l'année, Lavoisier peut présenter à l'Académie la première partie de ses *Opuscules ;* le 7 décembre, Trudaine, Macquer, Le Roy et Cadet de Vaux approuvent l'ouvrage, qui paraît en 1774.

Les conclusions que Lavoisier tire de ses expériences sont, tout d'abord, l'affirmation précise des vérités qu'il annonçait dans son pli cacheté. Lorsqu'un fragment de métal se trouve en présence d'un volume limité d'air que contient une cloche de verre, la calcination s'en fait beaucoup moins aisément qu'à l'air libre ; cette calcination même a des bornes ; une quantité donnée d'air ne peut réduire en chaux qu'une certaine masse de métal ; de ce corps, l'air qui reste est incapable de calciner une nouvelle portion ; à mesure que la calcination s'opère, l'air diminue de volume, et cette diminution est à peu près proportionnelle au poids du métal qui s'est changé en chaux. Par là, « il paroît prouvé (1) qu'il se combine avec les métaux, pendant leur calcination, un fluide élastique qui se fixe, et que c'est à cette fixation qu'est due leur augmentation de poids. »

(1) Lavoisier, *Opuscules physiques et chymiques*, p. 293.

Mais à cette conclusion qu'il tient pour démontrée, Lavoisier joint maintenant une conjecture, et cette conjecture est la suivante (1) :

« Que plusieurs circonstances sembleroient porter à croire que tout l'air que nous respirons n'est pas propre à se fixer pour entrer dans la combinaison des chaux métalliques ; mais qu'il existe dans l'atmosphère un fluide élastique particulier qui se trouve mêlé avec l'air, et que c'est au moment où la quantité de ce fluide contenue sous la cloche est épuisée, que la calcination ne peut plus avoir lieu. »

C'était deviner la constitution véritable de l'air que nous respirons ; c'était annoncer l'oxygène avant qu'il n'eût été préparé.

« C'est le sort, disait Lavoisier (2), de tous ceux qui s'occupent de recherches physiques ou chimiques, d'apercevoir un pas nouveau à faire, sitôt qu'ils en ont fait un premier ; ils ne donneroient jamais rien au public, s'ils attendoient qu'ils eussent atteint le bout de la carrière qui se présente successivement à eux, et qui paroît s'étendre à mesure qu'ils s'avancent pour la parcourir. »

Heureux les hommes de génie pour qui toute découverte accomplie n'est que l'accès vers une découverte entrevue ! Lavoisier était de ceux-là. A peine les *Opuscules* étaient-ils achevés d'imprimer, qu' « à la rentrée publique de la Saint-Martin 1774 », il lisait à l'Académie des Sciences un mémoire sur la calcination de l'étain.

Cette calcination, il tente d'abord de la produire dans une cornue de verre hermétiquement close. Si longtemps

(1) Lavoisier, *Op. laud.*, pp. 293-294.
(2) Lavoisier, *Mémoires de Chimie*, t. II, p. 58.

qu'on chauffe ce vase, le poids en demeure le même. « D'après cette première observation (1), on peut déjà regarder comme constant qu'il ne se combine avec les métaux, pendant leur calcination, rien d'extérieur à la cornue, rien au moins dont la pesanteur soit appréciable. En supposant donc, comme la suite de cette expérience va le faire voir, qu'il y eût augmentation de poids du métal, il fallait en chercher la cause dans l'intérieur même de la cornue. »

C'était pour ruiner à jamais la théorie de Boyle que Lavoisier avait fait cette expérience; mais, du même coup, il rendait inadmissible la supposition de Scheele avant même qu'elle n'eût été émise ; il montrait qu'aucun fluide aérien ne s'était, sous forme de chaleur, dissipé au travers des parois de la cornue.

Maintenant, l'étain va être calciné en présence d'une certaine masse d'air confinée sous une cloche.

Depuis bien longtemps, on savait que l'étain augmente de poids lorsqu'on le transforme en *potée ;* on savait depuis peu, grâce à Priestley, que le volume de l'air diminue pendant cette opération. Lavoisier ne se contente pas de ces renseignements ; des constatations purement qualitatives ne lui suffisent pas ; il lui faut des précisions quantitatives ; il détermine l'excès du poids de la *potée* sur le poids de l'étain ; il mesure exactement la diminution du volume de l'air; il calcule le poids de l'air qui remplacerait cette diminution ; il constate (2) que « l'augmentation du poids du métal est assez exactement égale au poids de la quantité d'air absorbée ; ce qui prouve que la portion de l'air qui se combine

(1) Lavoisier, *Op. laud.*, t. II, p. 44.
(2) Lavoisier, *Op. laud.*, t. II, p. 57.

avec le métal pendant la calcination est à peu près de pesanteur spécifique égale à celle de l'air de l'atmosphère. »

Voilà d'importants résultats qui sont désormais acquis ; d'autres, plus précis encore, sont en voie de s'acquérir ; sans détailler les expériences qui les suggèrent, Lavoisier, du moins, les veut communiquer à son auditoire (1) :

« Je serois porté à croire que la portion de l'air qui se combine avec les métaux est un peu plus lourde que l'air de l'atmosphère, et que celle qui reste, au contraire, après la calcination, est un peu plus légère. L'air de l'atmosphère, dans cette supposition, formeroit un résultat moyen entre ces deux fluides aëriformes, relativement à la pesanteur spécifique. »

D'autres expériences sont en cours, et Lavoisier ne peut se défendre d'en annoncer déjà certaines conclusions. « On vient de voir, dit-il (2), qu'une portion de l'air atmosphérique est susceptible de se combiner avec les substances métalliques pour former des chaux, tandis qu'une autre portion de ce même air se refuse constamment à cette combinaison ; cette circonstance m'a fait soupçonner que l'air de l'atmosphère n'étoit point un être simple, qu'il étoit composé de deux fluides aëriformes très différens, et le travail que j'ai entrepris sur la calcination et la revivification du mercure m'a singulièrement confirmé dans cette opinion. Sans anticiper sur les conséquences qui résultent de ce travail, je crois pouvoir annoncer ici que la totalité de l'air de l'atmosphère n'est pas dans un état respirable ;

(1) Lavoisier, *Op. laud.*, t. II, p. 57.
(2) Lavoisier, *Op. laud.*, t. II, p. 59.

que c'est la portion salubre qui se combine avec les métaux pendant leur calcination, et que ce qui reste après cette opération est une espèce de *mofète*, incapable d'entretenir la respiration des animaux, ni l'inflammation des corps. »

Au moment (novembre 1774) où Lavoisier, en séance publique de l'Académie des Sciences, lisait ces conclusions, Priestley se trouvait depuis trois mois en possession du fluide qu'il devait, plus tard, nommer *air très pur*. Mais il n'avait pas encore montré que cet air est respirable. Il n'était même pas assuré de sa découverte et, le mois précédent, il était venu à Paris, pour que Cadet de Vaux lui procurât du précipité *per se* d'une pureté certaine. « Me trouvant, dit-il (1), à Paris au mois d'octobre suivant (de l'année 1774), et sachant qu'il y a de très habiles chimistes dans cette ville, je ne manquai pas l'occasion de me procurer, par le moyen de mon ami M. Magellan, une once de mercure calciné, préparé par M. Cadet, et dont il n'étoit pas possible de suspecter la bonté. Dans le même temps, je fis part plusieurs fois de la surprise que me causoit l'air que j'avois tiré de cette préparation à MM. Lavoisier, Leroi, et autres physiciens qui m'honorèrent de leur attention dans cette ville et qui, j'ose le dire, ne peuvent manquer de se rappeler cette circonstance. » Priestley avait, du minium, tiré le même air que du précipité *per se*. « Comme je ne fais jamais un secret d'avouer mes observations, je fis part de ces observations, aussi bien que de celles sur le mercure calciné et sur le précipité rouge, à toutes mes connaissances à Paris et ailleurs. Je ne

(1) J. Priestley, *Expériences et observations sur différentes espèces d'air*, t. II, pp. 43-46.

soupçonnais pas alors où devaient me conduire ces faits remarquables. »

On n'en saurait douter, ces paroles s'adressent à Lavoisier ; elles sont, à son égard, une réclamation de priorité ; cette réclamation est-elle justifiée ?

Même si l'on accordait à Priestley que ses communications ont, les premières, attiré l'attention de Lavoisier sur l'air qu'on peut extraire du précipité *per se*, il faudrait admirer la prodigieuse rapidité et l'extraordinaire sûreté avec laquelle le chimiste français a découvert la raison de faits qui étaient alors, pour le chimiste anglais, et qui devaient toujours rester pour lui d'impénétrables mystères. En effet, au dire de Priestley, c'est au mois d'octobre 1774 qu'il a révélé à Lavoisier l'art d'obtenir de l'*air pur* en revivifiant le mercure aux dépens du précipité rouge ; et au mois de novembre, l'Académie des Sciences entendait publier par Lavoisier l'explication précise de cet effet.

Mais dans ces conversations entre les deux inventeurs, quel est celui qui a le plus appris ? Priestley a pu dire à Lavoisier qu'il avait, du précipité *per se* et du minium, extrait un air très propre à la combustion ; mais il a dû dire aussi qu'il se méfiait de la pureté des corps employés et qu'il n'était pas assuré du résultat obtenu. L'assurance qui lui manquait, Lavoisier ne la lui a-t-il pas donnée en lui contant comment il avait lui-même, dès 1772, obtenu de l'air par réduction de la litharge ? N'a-t-il pas confié à son émule que cet air engagé dans les chaux au moment de leur formation, dégagé par l'opération qui les réduit, était, à son idée, la portion salubre et respirable de l'air ? S'il ne le lui a pas dit au cours de leurs entretiens particuliers, il le lui a déclaré par sa lecture à l'Académie, lecture que Priestley a peut-être entendue, qu'il n'a certainement pas ignorée. Lorsque, le 8 mars 1775, Priestley mit une souris sous une cloche remplie d'*air pur* et constata que, dans ce fluide, le petit animal respirait aussi bien et mieux que dans l'air ordinaire, faisait-il autre chose que de suivre tardivement la suggestion de son rival parisien ? En vérité, à examiner de près cette question de priorité, on se convainc de la conclusion que voici : La somme de vérités que Priestley se vante d'avoir livrée à Lavoisier ne vaut pas les précieuses indications dont Lavoisier l'a sûrement payée.

A l'égard de Scheele, la question de priorité ne se pose même pas ; c'est seulement en 1775 qu'il dévoilera la découverte de son *air du feu* et en 1777 qu'il publiera l'édition allemande de son *Traité de l'air et du feu ;* à cette époque, cet ouvrage n'apprendra plus rien à Lavoisier sur les propriétés de l'*air vital.*

Mais Lavoisier peut se passer de connaître les travaux de ses deux émules ; il s'est engagé dans une telle voie qu'il ne manquera certainement pas d'y rencontrer l'oxygène ; de plus, quand il le rencontrera, il ne pourra pas ne point reconnaître d'emblée quel en est le rôle dans la constitution de l'air, dans la calcination, dans la combustion ; pendant ce temps, Priestley et Scheele, suivant à l'aveugle la théorie du phlogistique, se feront, de ce rôle, l'idée la moins exacte.

Lavoisier a toujours affirmé qu'il avait trouvé l'oxygène par ses propres recherches, avant de connaître les découvertes indépendantes de Priestley et de Scheele ; dans son mémoire : *De l'action du mercure sur l'air de l'atmosphère*, il écrit, en parlant de ce fluide (1) : « Cet

(1) Lavoisier, *Mémoires de Chimie,* t. II, p. 6.

air, que nous avons découvert presque en même temps, le docteur Priestley, Schelle et moi, a été nommé par le premier *air déphlogistiqué;* par le second, *air empiréal;* les chimistes français ont adopté presque généralement aujourd'hui le nom d'*air vital.* »

D'ailleurs, les expériences relatives à l'action que le mercure exerce sur l'air atmosphérique sont une suite de celles que résumaient ou qu'annonçaient les *Opuscules;* cette suite est si naturelle que l'auteur, c'est visible, eût procédé dans le même ordre, lors même que ni les observations du chimiste anglais ni celles du chimiste suédois ne l'y eussent invité.

Ne nous obstinons pas, toutefois, à revendiquer pour Lavoisier la découverte de l'oxygène ; admettons, si l'on veut, qu'en 1774, alors qu'il tentait au verre ardent ses principales expériences, il connût déjà la toute récente trouvaille de Priestley ; comparées à celles de son émule et, peut-être, de son initiateur, ces expériences n'en révèleront pas moins la géniale maîtrise de leur auteur. Priestley observe d'une façon si sommaire et avec si peu de méthode que le lâche tissu de ses constatations laisse les plus grossières erreurs passer dans les conclusions de ses travaux. Lavoisier, au contraire, serre si bien les faits déterminés avec exactitude qu'aucune fausse interprétation ne trouve entre eux de fissure par où se glisser.

Lavoisier produit le précipité *per se* en chauffant du mercure au contact d'une masse d'air confinée ; au cours de cette opération, il constate, tout d'abord, des effets semblables à ceux que Priestley avait observés en usant d'un mélange humide de soufre et de fer ; le volume de l'air diminue dans un rapport que l'auteur détermine exactement (1).

Puis il étudie avec soin l'air demeuré sous la cloche après qu'a cessé la formation de la chaux mercurielle (2) ; cet air ne précipite pas l'eau de chaux ; ce n'est donc pas ce gaz qu'on appelait alors *air fixe* et qu'on nomme aujourd'hui anhydride carbonique ; « il n'était cependant plus propre ni à la respiration ni à la combustion, car les animaux qu'on y introduisoit y périssoient en peu d'instans, et les lumières s'y éteignoient sur le champ, comme si on les eût plongées dans l'eau. » Si l'on chauffe, d'ailleurs, du mercure en présence de cet air, on n'obtient plus trace de précipité *per se*.

« D'un autre côté, poursuit Lavoisier (3), j'ai pris les 45 grains de la chaux de mercure qui s'étoit formée pendant l'opération. » En les réduisant complètement, « j'ai eu, d'une part, 41 grains 1/2 de mercure coulant, et de l'autre, 7 à 8 pouces cubiques d'un fluide aëriforme, beaucoup plus propre que l'air de l'atmosphère à entretenir la combustion et la respiration des animaux ; une bougie y brûlait avec un éclat éblouissant ; le charbon au lieu de s'y consommer paisiblement comme dans l'air ordinaire, y brûloit avec flamme, avec une sorte de décrépitation à la manière du phosphore, et avec une vivacité de lumière que les yeux avoient peine à supporter. »

Les deux expériences inverses ont été si bien liées l'une à l'autre que la conclusion s'en trouve mise en pleine évidence ; mais de cette clarté, Lavoisier ne se

(1) Lavoisier, *Op. laud.*, t. II, p. 4.
(2) Lavoisier, *Op. laud.*, t. II, pp. 4-5.
(3) Lavoisier, *Op. laud.*, t. II, p. 5.

tient pas encore pour satisfait; afin d'exclure toute raison de douter, à l'analyse de l'air, il joindra la synthèse.

« Il est évident, dit-il (1), que, dans cette expérience le mercure, exposé à un degré de feu approchant de celui qui le fait bouillir, avoit absorbé la partie salubre et respirable de l'air; que ce fluide avoit été séparé en deux parties; que, d'une part, l'*air vital*... s'étoit combiné avec le mercure; qu'il étoit resté, de l'autre, une sorte de *mophète* incapable d'entretenir la combustion et la respiration; et une preuve de cette importante vérité, c'est qu'en recombinant les deux fluides aériformes que j'avais obtenus séparément, c'est-à-dire les 42 pouces cubiques de *mophète* et les huit pouces cubiques d'*air vital*, j'ai reformé de l'air en tout semblable à celui de l'atmosphère, et qui étoit propre à peu près au même degré à la combustion, à la calcination des métaux et à la respiration des animaux. »

Scheele viendra-t-il prétendre que le volume de l'air a diminué, durant la formation du précipité *per se*, parce que le phlogistique du mercure, s'unissant à une partie de cet air, a formé de la chaleur qui s'est dissipée? Dira-t-il que, dans la réduction du même précipité, l'*air vital* provient de la chaleur du foyer; que celle-ci s'est décomposée pour céder son phlogistique à la chaux mercurielle et la ramener à l'état métallique? Lavoisier lui imposera silence en lui montrant (2) que 45 grains de précipité *per se* se sont, en reprenant l'état métallique, allégés de quatre grains et demi; bien loin d'acquérir quoi que ce soit, ils ont dû perdre quelque corps.

(1) Lavoisier, *Op. laud.*, t. II, p. 6.
(2) Lavoisier, *Op. laud.*, t. II, p. 6.

Mais peut-être Priestley maintiendra-t-il que l'air ordinaire est de l'*air vital* auquel, en se calcinant, le mercure a cédé son phlogistique. La méthode expérimentale de Lavoisier tient en réserve le moyen de le convaincre d'erreur ; c'est de reproduire la formation du précipité *per se*, non plus au dépens de l'air ordinaire, mais aux dépens de l'*air vital*; cette calcination se fait alors un peu plus aisément que dans l'air ordinaire ; au fur et à mesure qu'elle se poursuit, le volume de l'air vital diminue ; « mais une preuve que le mercure ne fournit rien à l'air dans cette expérience (1), c'est que l'air vital qui reste dans la vessie est aussi pur à la fin qu'il l'étoit au commencement de l'expérience ;... il ne s'échappe donc pas du mercure une émanation *phlogistique* comme l'avoit pensé le Docteur Priestley, et comme l'ont pensé plusieurs autres chimistes après lui. »

Habile stratège, Lavoisier a prévu tous les mouvements que pourrait accomplir l'adversaire ; chacun d'eux trouvera sa parade.

Pour apprécier avec quelque justice l'œuvre de Lavoisier, il faudrait, de chacune des expériences fondamentales qui ont été instituées par lui, reprendre l'analyse détaillée que nous avons donnée d'une d'entre elles ; il faudrait, en particulier, faire un examen scrupuleux des recherches qu'il a poursuivies, soit seul, soit avec la collaboration de Meunier, pour mettre en évidence la véritable constitution de l'eau. A cette tâche, un volume ne suffirait pas, car en 1789, présentant à la Société Royale de Médecine le *Traité élémentaire de Chimie* de

(1) Lavoisier, *Op. laud.*, t. II, p. 13.

Lavoisier, Fourcroy et de Horne pouvaient dire (1) : « Les Mémoires de l'Académie des Sciences offrent, depuis 1772 jusqu'à 1786, une suite non interrompue de travaux, d'expériences, d'analyses faites par ce physicien sur le même plan. » Contentons-nous donc d'avoir pris comme exemple l'un des plus anciens parmi ces travaux, et hâtons-nous vers notre conclusion.

Dans la révolution chimique qui s'était accomplie de son temps, Lavoisier revendiquait lui-même sa part, et c'était la plus grande. Après avoir reproduit le pli cacheté qu'il avait, en 1772, déposé entre les mains du secrétaire de l'Académie des Sciences, il poursuivait en ces termes (2) :

« En rapprochant cette première notice de celle que j'avais déposée à l'Académie, le 20 octobre précédent, sur la combustion du phosphore, du mémoire que j'ai lu à l'Académie à sa séance publique de Pâques 1773, enfin de ceux que j'ai successivement publiés ; il est aisé de voir que j'avais conçu, dès 1772, tout l'ensemble du système que j'ai publié depuis sur la combustion.

» Cette théorie, à laquelle j'ai donné de nombreux développements en 1777, et que j'ai portée, presque dès cette époque, à l'état où elle est aujourd'hui, n'a commencé à être enseignée par Fourcroy, que dans l'hyver de 1786 à 1787 ; elle n'a été adoptée par Guyton-Morveau, qu'à une époque postérieure ; enfin, en 1785, Berthollet écrivoit encore dans le système du phlogistique.

(1) *Traité élémentaire de Chimie présenté dans un ordre nouveau, et d'après les découvertes modernes ; Avec Figures : par* M. Lavoisier, *de l'Académie des Sciences,...* A Paris, Chez Cuchet, Libraire, rue et hôtel Serpente. MDCCLXXXIX. Tome second, p. 630.

(2) Lavoisier, *Op. laud.*, t. II, pp. 86-87.

Cette théorie n'est donc pas, comme je l'entends dire, la théorie des chimistes françois ; elle est *la mienne*, et c'est une propriété que je réclame auprès de mes contemporains et de la postérité. » Lavoisier énumérait alors les principales doctrines qu' « on n'oserait pas lui contester ». Parmi ces doctrines, il citait : « toute la théorie de l'oxidation et de la combustion ; l'analyse et la décomposition de l'air par les métaux et les corps combustibles; la théorie de l'acidification ; ... la théorie de la respiration, à laquelle Séguin a concouru avec moi. »

Les contemporains, les émules de Lavoisier lui accordaient, d'ailleurs, ce qu'il revendiquait. Fourcroy et de Horne, après avoir vanté les méthodes expérimentales du grand chimiste, ajoutaient (1) : « C'est à l'aide de ces procédés, à l'aide de ce nouveau sens, ajouté, pour ainsi dire, à ceux que le Physicien possédoit déjà, que M. Lavoisier est parvenu à établir des vérités et une doctrine nouvelle sur la combustion, sur la calcination des métaux, sur la nature de l'eau, sur la formation des acides, sur la dissolution des métaux, sur la fermentation et sur les principaux phénomènes de la nature. »

La propriété que Lavoisier réclamait auprès de ses contemporains et de la postérité, ses contemporains la lui reconnaissaient ; la postérité va-t-elle la lui contester ? Contre le grand chimiste, fera-t-elle valoir les droits de ceux qui en furent les prédécesseurs et les précurseurs ?

Lavoisier, en effet, a eu de nombreux prédécesseurs et précurseurs ; nul, d'ailleurs, ne les a connus mieux

(1) Lavoisier, *Traité élémentaire de Chimie*, tome second p. 630.

que lui ; nul ne s'est plus exactement appliqué à leur rendre ce qui leur était dû. Ses *Opuscules* sont précédés d'un très soigneux exposé des travaux dont les diverses espèces d'air avaient été l'objet, de ceux, en particulier, de Hales, de Black, de Priestley ; et quelques pages avant la revendication que nous venons de reproduire, les *Essays* de Jean Rey, ensevelis jusqu'alors dans l'universel oubli, étaient rendus à la lumière et salués d'un magnifique éloge.

Auprès de chacun des chapitres qui composent l'œuvre de Lavoisier, on peut placer quelque passage, écrit longtemps auparavant, et où se devine comme un premier aperçu de la vérité que devait proclamer le chimiste français. Mais qu'il y a loin de l'ébauche indécise et mêlée d'erreur à la doctrine précise, exacte, achevée ! Ces vues partielles de la vérité sont sans lien les unes avec les autres ; elles ont été émises, en des temps fort différents, par des auteurs divers ; celui qui percevait l'une d'elles n'avait aucune notion des autres, quand il ne professait pas des erreurs toutes contraires. Combien elles ressemblaient peu à cette ample doctrine dont toutes les parties s'enchaînent, dont toutes les affirmations s'accordent avec autant de force que d'harmonie ! Ne refusons pas notre admiration au précurseur, mais qu'elle n'ôte rien de celle que nous devons au véritable inventeur.

« Tel, écrivait Pascal, dira une chose de soi-même sans en comprendre l'excellence, où un autre comprendra une suite merveilleuse de conséquences qui nous font dire hardiment que ce n'est plus le même mot, et qu'il ne le doit non plus à celui d'où il l'a appris, qu'un arbre admirable n'appartiendra pas à celui qui en aura jeté la semence, sans y penser et sans la connaître, dans une terre abondante, qui en aurait profité de la sorte par sa propre fertilité. » Non vraiment ; si fécondes qu'aient pu être les semences jetées en terre par Jean Rey, par Jean Mayow, par Stahl, par Stéphen Hales, voire par Priestley et par Scheele, elles ne les font pas propriétaires de l'arbre immense et robuste qu'est le système de Lavoisier.

Lavoisier est assurément l'auteur de son système, là même où, dans l'édifice qu'il construit, on reconnaît quelques pierres taillées par des mains étrangères ; il a pu, d'autrui, recevoir quelques matériaux mal dégrossis, mais le plan suivant lequel il les appareille est tout entier de lui.

Une proposition, émise par quelque précurseur, change lorsque Lavoisier la recueille, parce qu'elle prend place dans une doctrine nouvelle ; elle change aussi parce que, de conjecture qu'elle était, elle devient vérité démontrée.

Une théorie physique, en effet, n'est pas simplement un système logiquement enchaîné et harmonieusement composé ; il lui faut être, en outre, représentation fidèle de la réalité ; tant qu'elle n'a pas été soumise au contrôle sévère des faits, elle n'a pas droit d'entrer dans la science.

Lavoisier vient de rappeler ses premières expériences sur l'augmentation de poids des métaux calcinés. « J'ignorois alors, poursuit-il (1), ce que Jean Rey avait écrit sur ce sujet en 1630 ; et quand je l'aurois connu, je n'aurois pu regarder son opinion à cet égard, que comme une assertion vague, propre à faire honneur au génie de l'auteur, mais qui ne dispensoit pas les chi-

(1) Lavoisier, *Mémoires de Chimie*, t. II, p. 84.

mistes de constater la vérité de son opinion par des expériences. »

Prendre les assertions vagues, les suppositions hasardeuses qui abondaient dans les écrits de ses prédécesseurs et de ses contemporains, prendre aussi les hypothèses qui s'offraient à sa propre imagination, puis les serrer au pressoir d'expériences précises jusqu'à ce qu'elles fussent réduites en erreurs à tout jamais condamnées ou en vérités désormais établies, telle fut la tâche où l'on vit exceller Lavoisier.

Entre ses mains, la méthode expérimentale prit une rigueur que la Physique connaissait déjà, mais dont la Chimie n'avait encore aucun soupçon.

Jusqu'alors, dans chaque observation, les chimistes s'étaient contentés de choisir les particularités qui pouvaient servir à défendre leur opinion ou à ruiner l'opinion contraire. Ils ne notaient point les circonstances dont ils n'attendaient aucun témoignage favorable ; et si le hasard voulait qu'ils les eussent observées, ils évitaient d'en paraître entendre les démentis.

Boyle, par exemple, croit que le feu, pénétrant l'ampoule de verre qui contient un morceau d'étain, vient se condenser sur le métal et l'alourdir ; il n'a garde de peser l'ampoule avant et après l'opération, car l'égalité des deux poids l'avertirait que rien de grave n'est entré dans le vase de verre.

Stahl sait qu'une chaux est plus lourde que le métal dont elle provient ; ce fait dément l'hypothèse qui a sa faveur ; le métal ne peut provenir de l'union de la chaux avec une terre qui serait le phlogistique ; le chimiste allemand entend ce démenti, mais ne le relève pas.

Priestley veut que son *air vicié* soit de l'air phlogistiqué; cela ne se peut, car il a déterminé le poids spécifique de l'*air vicié*, et il a trouvé que ce fluide était moins dense que l'air ordinaire ; à cette contradiction flagrante, il fait la sourde oreille.

En présence du foie de soufre, l'air a diminué de volume ; Scheele veut qu'une partie de cet air, s'unissant au phlogistique, se soit dissipé sous forme de chaleur ; il lui suffirait de peser le solide avant et après l'opération pour que l'augmentation de poids lui apprît où se trouve l'air qu'il croit disparu ; cette épreuve, il ne songe même pas à la tenter.

Entre les diverses circonstances d'une expérience, Lavoisier ne fera pas ce choix partial et trompeur ; il les recueillera toutes, et si une seule d'entre elles contredit une supposition, il tiendra cette supposition pour non recevable. Lavoisier, disent Fourcroy et de Horne (1), « sentit surtout que l'art de faire des expériences vraiment utiles, et de contribuer au progrès de la science de l'analyse, consistoit à ne rien laisser échapper, à tout recueillir, à tout peser. »

Afin que ses observations soient complètes, il ne leur permettra pas de rester simples constatations qualitatives ; partout, il voudra connaître des grandeurs ; de tout, il donnera des mesures. Dans son laboratoire, il introduira le thermomètre, le baromètre, les instruments dont le physicien avait eu, jusqu'alors, l'usage exclusif. Les vieux chimistes s'en indigneront parfois, car l'imprécision leur semble une prérogative de leur art. « J'ai presque honte, disait Bergman (2) en 1780,

(1) Lavoisier, *Traité élémentaire de Chimie*, tome second, p. 629.

(2) *Opuscules chymiques et physiques de* M. T. Bergman, *Chevalier de l'Ordre Royal de Vasa, Professeur de Chy-*

de rapporter ce que j'ai ouï dire à un chymiste, que l'on n'avoit pas besoin, dans les laboratoires, de thermomètres ni d'autres instrumens semblables qui tenoient à la subtilité physique. »

Lavoisier aura surtout, à la balance, un continuel recours.

L'ancienne Chimie aimait à supposer, au cours des réactions, le départ ou l'arrivée de certaines substances imperceptibles ; ces substances, elle les douait, au besoin, de tant de subtilité qu'elles se pussent glisser par les pores du verre ; ainsi passaient et fuyaient, au gré de Boyle, la matière du feu ; au gré de Meyer, le *caustique universel ;* au gré de Scheele, la chaleur formée par l'union de l'air avec le phlogistique ; aidé de ces insaisissables auxiliaires, le chimiste eût été bien maladroit s'il n'eût, aux contradictions de l'expérience, soustrait le système qui avait ses faveurs.

Grâce à la méthode de Lavoisier, c'en est fini de ces jeux d'imagination ; l'implacable pesée décide sans appel si quelque corps est intervenu dans une réaction, si quelque composant s'est dissipé. Aussi avec quelle complaisance le grand chimiste, à plusieurs reprises, ne nous entretient-il pas (1) de sa « balance, construite, avec des précautions particulières, par Chemin, ajus-

mie à Upsal, de l'Académie Impériale des Curieux de la Nature, de la Société Royale d'Upsal, de celles de Stockholm, de Londres, de Gottingue, de Berlin, de Gothenbourg et de Luden, et Correspondant de l'Académie Royale des Sciences de Paris. Recueillis, revus et augmentés par lui-même. Traduits par M. de Morveau, *Avec des Notes.* A Dijon, Chez L. N. Frantin. Imprimeur du Roi. MDCCLXXX. Discours préliminaire. Tome premier, pp. XXI-XXII.

(1) Lavoisier, *Mémoires de Chimie*, t. II, pp. 38-39.

teur de la Monnoie! Elle peut peser jusqu'à huit et dix livres, dit-il, et j'ai lieu de croire qu'il n'existe aucun instrument de ce genre qui soit beaucoup plus parfait. » Cette balance, c'est l'organe qui permet à son merveilleux sens critique de faire un départ exact entre la vérité et l'erreur.

Saluons ce sens critique, car il est vraiment l'âme de la méthode suivie par Lavoisier. Tout recueillir, tout mesurer, tout peser, c'est fort bien; mais un sot l'eût pu faire, et ce sot n'eût point, de toutes ces déterminations, tiré la moindre parcelle de ce que le grand chimiste en a fait sortir. Au-dessus des instruments, il fallait une raison capable d'en recueillir les indications, de séparer très nettement ce que ces indications permettaient d'affirmer de ce qu'elles se bornaient à suggérer; ces suppositions, il fallait que cette même raison sût découvrir le moyen de les soumettre au contrôle de l'expérience, afin qu'elles fussent très certainement assurées ou condamnées. Si droite et si perspicace était l'intelligence préposée à ces tâches qu'elle a joui d'un privilège bien rare; elle a progressé sans cesse, elle n'a jamais connu de retour en arrière. Chacun des mémoires de Lavoisier ajoute quelque chose aux mémoires précédents, mais sans y rien trouver à retrancher ou corriger, car, en ceux-ci, l'auteur n'avait rien avancé que l'expérience ne lui eût clairement démontré; cette longue suite de découvertes est exempte de tout repentir.

« L'œuvre de Lavoisier est complexe, a dit Wurtz (1); il fut, en même temps, l'auteur d'une nouvelle théorie et le créateur de la vraie méthode en Chimie. Et la supé-

(1) Ad. Wurtz, *Dictionnaire de Chimie pure et appliquée*. Discours préliminaire, t. I, p. I.

riorité de la méthode a donné des ailes à la théorie. »

Nous avons dit et admiré ce que fut cette méthode. Que faut-il penser de la théorie qu'elle a élaborée et défendue ? Fut-elle une réorganisation vraiment et profondément nouvelle de toute la Chimie, une disposition de cette science suivant un ordre imprévu jusqu'alors ? Fut-elle un simple remaniement, un retournement heureux de la doctrine que Stahl avait formulée ?

A cette question, nous ne répondrons pas nous-même ; nous ne demanderons pas non plus la réponse à quelqu'un de ceux qui ont écrit de nos jours ; c'est parmi les témoins de la révolution accomplie par Lavoisier que nous chercherons un juge impartial.

Ce juge, nous ne le choisirons pas parmi les chimistes français qui avaient épousé le sentiment de leur illustre compatriote ; dans la nouvelle doctrine, ils saluaient un titre de gloire pour leur pays ; ils pourraient donc parler d'elle avec trop de complaisance. Ce juge, nous l'irons prendre parmi les étrangers. Entre la France et l'Angleterre, touchant les découvertes chimiques, « il régnoit une sorte de rivalité » ; Lavoisier et Priestley nous l'ont dit ; afin de ne point entendre un avis prévenu en faveur du système français, nous nous rangerons à l'opinion d'un Anglais.

Anglais au temps de cette rivalité, Américain plus tard, celui qui va juger s'est, un peu avant Lavoisier, engagé dans la voie où celui-ci devait marcher ; plusieurs fois, il l'a devancé par d'heureuses et mémorables trouvailles ; mais, fidèle à l'ancienne doctrine de Stahl, il a été enveloppé dans le discrédit où la théorie nouvelle a plongé ce système ; il a vu sa gloire pâlir et s'éteindre au fur et à mesure que celle de Lavoisier devenait plus brillante ; demeuré presque seul à défendre la théorie du phlogistique, il ne saurait lui déplaire qu'on réduisît la Chimie réformée à n'être qu'une simple transposition, une sorte de retournement de la Chimie phlogisticienne. Cependant, lorsqu'en 1796, il vient rompre une dernière lance en faveur du système vaincu, voici ce que dit l'inventeur de l'oxygène, Joseph Priestley (1) :

« La préférence donnée à ce qu'on appelle le nouveau système de Chimie, ou le système des antiphlogisticiens, sur la doctrine de Stahl, regardée pendant un certain tems comme la plus grande découverte qu'on ait jamais pu faire en Chimie, a produit une de ces révolutions dont il y a peu d'exemple dans l'histoire des sciences, si même on en trouve de semblables. Cependant, je me souviens d'avoir entendu dire à M. Pierre Wolfe, dont on ne peut contester les connoissances, qu'après les travaux de Stahl, il étoit difficile de trouver quelque chose qui méritât, en Chimie, le nom de découverte. Quoique quelques personnes eussent exprimé, dans certaines circonstances, des doutes sur l'existence du phlogistique, on n'avait rien avancé, cependant, qui pût servir de base à un autre système, avant les travaux de M. Lavoisier et ceux de ses amis, qui ont fait souvent donner à ce système le nom de système français. »

(1) JOSEPH PRIESTLEY, *Réflexions sur la Théorie du Phlogistique et la Décomposition de l'Eau*, pp. 5-6.

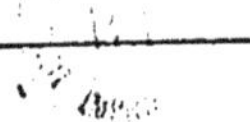

TABLE DES MATIÈRES

LAVAL. — IMPRIMERIE L. BARNÉOUD ET Cie.

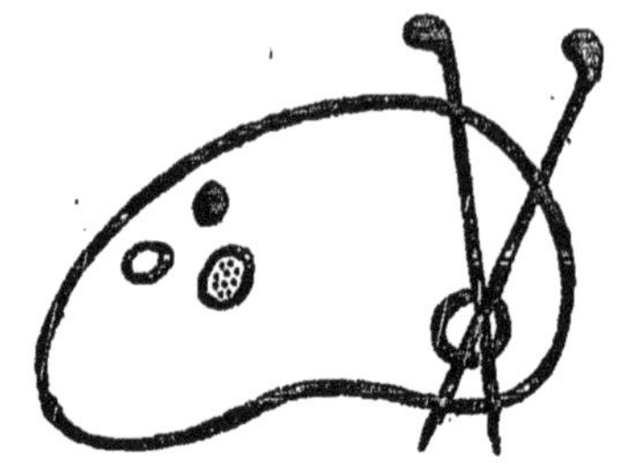

www.ingramcontent.com/pod-product-compliance
Ingram Content Group UK Ltd.
Pitfield, Milton Keynes, MK11 3LW, UK
UKHW020124200726
13856UKWH00002B/724

9 782011 94819